シリーズ〈環境の世界〉 2

環境システム学の創る世界

東京大学大学院
新領域創成科学研究科
環境学研究系
················[編]

朝倉書店

執筆者（＊は本巻編集者）

＊大友 順一郎（おおとも じゅんいちろう）	東京大学環境学研究系環境システム学専攻
影本 浩（かげもと ひろし）	東京大学環境学研究系環境システム学専攻
阿久津 好明（あくつ よしあき）	東京大学環境学研究系環境システム学専攻
多部田 茂（たべた しげる）	東京大学環境学研究系環境システム学専攻
徳永 朋祥（とくなが ともちか）	東京大学環境学研究系環境システム学専攻
橋本 征二（はしもと せいじ）	国立環境研究所循環型社会・廃棄物研究センター
森口 祐一（もりぐち ゆういち）	国立環境研究所循環型社会・廃棄物研究センター
松橋 隆治（まつはし りゅうじ）	東京大学環境学研究系環境システム学専攻
吉田 好邦（よしだ よしくに）	東京大学環境学研究系環境システム学専攻
島田 荘平（しまだ そうへい）	東京大学環境学研究系環境システム学専攻
亀山 康子（かめやま やすこ）	国立環境研究所地球環境研究センター
吉永 淳（よしなが じゅん）	東京大学環境学研究系環境システム学専攻
柳沢 幸雄（やなぎさわ ゆきお）	東京大学環境学研究系環境システム学専攻
野口 美由貴（のぐち みゆき）	東京大学環境学研究系環境システム学専攻
大島 義人（おおしま よしと）	東京大学環境学研究系環境システム学専攻

（執筆順）

シリーズ〈環境の世界〉
刊行のことば

　21世紀は環境の世紀といわれて，すでに10年が経過した．しかしながら，世界の環境は，この10年でさらに悪化の傾向をたどっているようにも思える．人口は69億人を超え，温暖化ガスの排出量も増加の一途をたどり，削減の努力にもかかわらず，その兆候も見えてこない．各国の利害が対立するなかで，人類が地球と共存するためには，様々な視点から人類の叡智を結集し，学融合を推進することによって解決策を模索することが必須であり，それこそが環境学である．

　21世紀を迎える直前の1999年に，東京大学では環境学専攻を立ち上げた．この10年の間に1000人を超える修士や博士を世の中に輩出するとともに，日本だけではなく世界の環境を改善すべく研究を進めてきた．環境学専攻は2006年に柏の新キャンパスに移転し，自然環境学，環境システム学，人間環境学，国際協力学，社会文化環境学の5専攻に改組した．その後，海洋技術環境学専攻が新設され，6専攻を持つ環境学研究系として，東京大学の環境学を先導してきている．学融合を旗印に，文系理系にとらわれず，東京大学の頭脳を集め，研究教育を推進している．

　先進国をはじめとする人間社会の活動が環境を悪化させ，地球の許容範囲を越えようとしている現在，何らかの活動を起こさなくてはならないことは明白である．例えば，社会のあり方を環境の視点から問い直すことや，技術と環境の関わりを俯瞰的にとらえ直すことなどが望まれている．これを〈環境の世界〉と呼んでも良いかもしれない．

　東京大学環境学研究系6専攻は，日本の環境にとどまらず，地球環境をより良い方向に導くため，活動を進めてきている．様々な境界条件のもと，数多くの壁をどのように乗り越えて〈環境の世界〉を構築することができるか，皆が感じているように，すでに時間はあまり多くはない．限られた時間のなかではあるが，われわれは環境学によって，世界を変えることができると考えている．

　本シリーズは，東京大学環境学10年の成果を振り返るとともに，10年後を見据えて，〈環境の世界〉を切り開くための東京大学環境学のチャレンジをまとめている．〈環境の世界〉を創り上げるため，最先端の環境学を進めていこうと考えている大学生や大学院生に，ぜひ，一読を薦める．われわれは世界を変えることができる．

東京大学環境学研究系・〈環境の世界〉出版WG主査・人間環境学専攻教授　　岡 本 孝 司

まえがき

　科学技術と社会がともに発展した時代は，その当事者たちに大きな希望と誇りをあたえたであろう．たとえば，1960年以降の日本の高度成長時代はそれにあたり，大学で学ぶ学生たちも日々進展する周囲の状況とともに新鮮な気持ちで学ぶことができたのではないか．翻って現在のように社会が成熟し，その成長速度が鈍化する状況下では，科学技術の膨大な知識の蓄積をはじめて目の当たりにする学生たちが，それらを修得することに躊躇したり負担に感じることがあってもおかしくない．また，整備された知識を駆使して結果が得られたところで，その中身を理解していなければその達成感や現実感は乏しく，学ぶ立場の人間は不安感をいだくのではないか．さらに社会一般に目を向けると，何事を考えるにしても，ボーダレスに人やものや情報が行き交う状況を前提しなければならない複雑な時代である．われわれが研究の対象とする環境問題も，そのような複雑な状況を前提に解決策を見出さなければならない．複雑な全体をそのまま全体として受け止めるのであれば，学生に限らずとも皆がその前で立ちすくんでしまう．

　環境システム学は，システム論の立場から複雑な対象へアプローチする方法論を提示する．複雑な対象を分割し，その要素間の関係性を1つ1つ明らかにしていく．すなわち，それら分割された要素を全体のシステムのなかで構造化していく作業を通じて，複雑な対象を再構築していく方法論について考える．本シリーズでは，未来のあるべき〈環境の世界〉を積極的に提示することを共通のテーマとしている．環境システム学は，現状の世界を再構築することにとどまらず，未来のあるべき社会の構築にも有効な方法論であると信じている．個々の作業は地道なものであっても，その営みを通じて対象の関係性の理解を深め，〈環境の世界〉の構築に対して現実感を持って臨むことができると期待している．また，これらの学習を通じて，学生の学びにおける達成感や現実感が回復できるのであれば，それはわれわれにとって望外の喜びである．

2011年2月

第2巻編集者　大　友　順一郎

目　　次

1. 〈環境の世界〉創成の戦略……………………………………………………1
   1.1 環境システム学から見た環境とは……………………………[大友順一郎]…1
   1.2 環境システム学による〈環境の世界〉創成の意味について………………3
   1.3 〈環境の世界〉創成実現へのアプローチ………………………………5
   1.4 10年後50年後に〈環境の世界〉のあるべき姿……………[影本　浩]…8

2. システムでとらえる自然界と人間界の物質循環……………………………11
   2.1 大　気　環　境…………………………………………[阿久津好明]…11
      2.1.1 発生（排出）………………………………………………………11
      2.1.2 輸　　　送…………………………………………………………12
      2.1.3 変　　　換…………………………………………………………14
      2.1.4 除去（消失）………………………………………………………15
      2.1.5 大気環境問題………………………………………………………15
   2.2 海　洋　環　境……………………………………………[多部田　茂]…24
      2.2.1 海洋の物質循環と海洋環境問題……………………………………24
      2.2.2 物質循環の評価手法と生態系モデル………………………………26
      2.2.3 沿岸海域生態系の変動解析…………………………………………29
      2.2.4 海洋利用技術と環境影響評価………………………………………35
   2.3 地　圏　環　境……………………………………………[德永朋祥]…41
      2.3.1 地圏環境を研究することの意義……………………………………41
      2.3.2 地圏環境を構成する要素……………………………………………44
      2.3.3 地圏の環境条件をコントロールする水……………………………45
      2.3.4 大気・海洋環境と地圏環境のかかわり……………………………48
      2.3.5 人間の地圏利用と人間活動が地圏環境に与える影響……………53
      2.3.6 地圏の高度利用に向けて……………………………………………55

3. システムで考える環境調和型社会の創成 …………………………………57
3.1 循環型社会の創成 …………………………………………………57
- 3.1.1 循環型社会と経済社会の物質代謝 ……………………［橋本征二］…57
- 3.1.2 PETボトルを例としたリサイクルの実状…………………［森口祐一］…70
- 3.1.3 環境システム学による循環型社会の創成 ……………………………78
3.2 低炭素社会の創成 …………………………………………………82
- 3.2.1 エネルギー評価から見た低炭素社会の実現可能性 …［松橋隆治］…82
- 3.2.2 低炭素社会に向けた経済性評価 ……………………［吉田好邦］…88
- 3.2.3 先端技術の紹介：CCS システム ……………………［島田荘平］…95
- 3.2.4 低炭素社会の実現と国際協調………………………［亀山康子］…107
- 3.2.5 環境システム学が描く低炭素社会の将来像：低炭素社会への見通し
………………………………………………………［松橋隆治］…118

4. システムで学ぶ環境安全 ……………………………………………124
4.1 現代の化学物質による環境問題………………………………………124
- 4.1.1 化学物質による健康影響・曝露評価…………………［吉永　淳］…124
- 4.1.2 室 内 環 境………………………………［柳沢幸雄・野口美由貴］…138
4.2 実験研究の安全構造とシステム学的アプローチ…………［大島義人］…148
- 4.2.1 安全と危険………………………………………………………149
- 4.2.2 大学の実験研究における安全…………………………………154
- 4.2.3 実験研究の安全構造に関するシステム的アプローチ…………157

5. 環境システム学の未来像 …………………………………［影本　浩］…163

参 考 文 献 ……………………………………………………………169

索　　引 ……………………………………………………………175

1 〈環境の世界〉創成の戦略

1.1 環境システム学から見た環境とは

　21世紀の初頭を生きるわれわれにとって，「環境」のキーワードから見えてくる現在とはどのような時代であろうか．また，現在を見据えた先にあるこれからの時代は，どのような未来であろうか．もっと積極的にとらえるのであれば，どのような未来像をわれわれは描くべきか．20世紀を振り返ると，われわれ日本人にとって「環境問題」=「公害問題」の時代が長く続いた．自然の自浄作用をはるかに超えた大量生産と大量廃棄の営みはわれわれ自身に大きなつけとして跳ね返ってきた．先達の努力により国内の公害問題の多くは解決の方向に向かったが，20世紀後半にさしかかると環境問題はさらに大きなインパクトと広がりを持った形でわれわれに降りかかってきた．フロンによるオゾン層破壊や温暖化ガスに起因する地球規模の気温上昇や異常気象のような，現在では周知の問題を通じて，大量生産と大量廃棄のみならず個人の些細な活動による物質の拡散と地球大気中への蓄積が，地球規模の問題として降りかかってくることをわれわれは学んだ．このように，われわれが生産・廃棄する物質群および人工物は，自然界の物質と並び，地球規模の変化を語る際に無視できない規模に膨張している．さらに，21世紀に入ると新興国・発展途上国の経済活動が非常に活発になってきた．国家間の資源確保の競争も激しさを増しており，環境の悪化とともに資源枯渇の問題もいよいよ顕在化している．さらに，経済活動の影響や感染症の広がり方を見ても，非常に短期間で世界規模に広がっている．物質と情報の移動・交換ネットワークの地球規模の統合化が急速に進み，空間スケールと時間スケールの両者の意味で地球は小さくなったと皆が実感する時代に突入している．このように，現在とは地球の有限性と人工物の膨張と蓄積の問題がよりいっそう顕在化し，加

速化した時代であるといえる（小宮山，1999）．したがって，膨大な量の生産と排出が繰り返されている物質群（人工物・廃棄物）とのつきあい方が，持続可能な未来か破綻の未来かを決定する鍵となる．人工物や廃棄物の膨張と蓄積を回避するためには，「循環」型の社会システムに速やかに移行することが必要である．われわれは，持続可能な未来を保証する環境調和型社会とは，「循環」を内包した社会システムであると考える．環境システム学は，その具体的な方法論を呈示することを重要なミッションの1つとして位置づけている．

循環を内包した環境調和型社会の形成を考える上で，人間界の活動に伴う物質とエネルギーの流れの情報を定量的に把握・評価することが必要不可欠である．また，これらの物質の一部は自然界（大気圏，水圏，地）に蓄積される．したがって，自然界の物質循環を定量的に把握した上で，人間界の物質の流れと自然界の物質の流れの相互干渉を明らかにする必要があるであろう．一方，地球温暖化問題のような複合問題を考えてみると，技術的な問題に加えて，国際政治問題や先進国と発展途上国との南北問題などが関連しており，技術問題のみとして解決することは不可能である．したがって，工学，経済，法律，教育，倫理などの多面的な視点を加えた問題解決の手法が必要である．循環型の環境調和型社会の形成についても考え方は同じであり，再生産を可能とする要素技術開発や評価法の確立と同時に，地域性や歴史的発展過程を考慮した環境共生的な技術開発の視

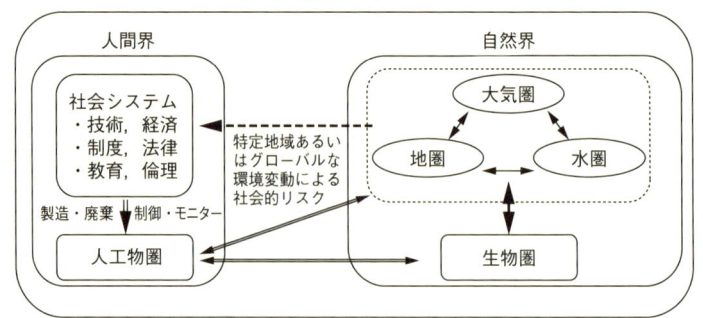

図 1.1 環境システム学が扱う領域：物質・エネルギーのやりとりと各領域間の相互関係
自然界の枠内の実線の矢印：物質循環の制御は不能であるがその観測は可能な相互関係
（特に大気圏，地圏，水圏の内部とそれらの間における物質循環）．
人間界の枠内の二重線の矢印（人間界および人間界と自然界の間）：人間活動によって
生じる物質・エネルギーの関係性であり，制御や観測を必要とする相互関係．

点を加えた社会システム全体の再構築が必要である．環境システム学は，このように物質とエネルギーの流れの把握と社会システム（工学，経済，法律，教育・倫理）のあり方について包括的に扱うことで環境問題へのアプローチを試みている（図 1.1）．

1.2 環境システム学による〈環境の世界〉創成の意味について

　環境システム学は，環境とそれに内包されるシステムとの関係を取り扱う方法論である．システムとは，一言で表現すれば，多数の要素間の結びつきとそれらの階層化から構成される総体のことである．ただし，環境システム学は実際の環境問題から遊離した抽象的なシステム論を扱う分野ではなく，あくまで現実の問題に対応した実学であることを強調しておく．システム論的な立場から見ると，環境問題を考える上で現在われわれが直面している問題とは，考慮するべき対象があまりにも多数かつ複雑であり，誰 1 人として全体を俯瞰できない事実そのものである．したがって，人間界と自然界における物質とエネルギーの流れ，および経済，法律，教育，倫理を考慮した社会システムを記述できる多様な要素から構成されるシステムモデルを構築し，できるだけ現状のモニタリングを可能にする方法論を提供する必要がある．加えて，定量的な将来予測とそれにもとづく社会システムのデザインを提供することが環境システム学の目標である．

　環境問題は，複数の異なる価値観を有する主体が関係する課題である．それらの主体は様々な価値基準を有し，様々な立場をとりうる．あるいは，それらの主体は，独自の行動をとるか互いに反目することによって矛盾が生じることがしばしば起こる．たとえば，アメリカ政府がバイオエタノールの振興を促す政策をとった結果，原料であるトウモロコシの価格が上昇し，政府のもともとの意図とは異なる食料価格上昇という問題が生じた例があげられる．このように，多様な主体の価値判断によって，様々な競合が生じると考えなければならない．このような議論のなかで求めるべき解は，単一の評価関数・目的関数を最適化するといった考え方ではなく，様々な競合する価値観をより競合の少ない状態に調整することである．このような意味で，多数の要因およびそれぞれの関係性を明確に記述する方法論の構築の必要性が理解されるであろう．加えて，環境問題は開かれた場での議論が必要であり，上述のシステムモデルによるアプローチはその理解に

むけた一助となる．また，環境問題におけるデータの評価や将来予測のモデルを構築する際には，様々な不確定な要因や記述が含まれることに注意しなければならない．環境問題は，人と物もしくは人と地球環境の相互関係の問題であり，人間側の行動様式に強く依存する．したがって，原理的には非常に多数のシナリオを想定することができるので，それら多様なシナリオと不確実性を有する情報にもとづいて議論を進めていかざるを得ない．開かれた場での環境問題の議論を進める上で，このような情報を適切に整理してわかりやすく提示する枠組みが必要である（吉川，1997）．たとえば，二酸化炭素排出量の大幅な削減を前提とした低炭素社会への移行について広く議論されているが，その実現に向けては，まさにシステム論的アプローチが必要である．個別の要素技術を開発者から見ると，その技術が社会全体に与えるインパクトがわからない．一方，社会の立場（市民や政策立案者）から見ると，要素技術の特性を把握することができない．この両者の橋渡しを手助けする仕組みを提供することが大切である．そのような仕組みによって，適切なシナリオにもとづく議論が展開され，さらには協調的な行動（この場合では，二酸化炭素排出量の削減に有効な要素技術開発，それに必要な都市設備の構築，および行政による協調的な行動など）が促され，活力ある低炭素社会の実現がはじめて可能になるのである．

　さて，システム論的なアプローチは，われわれの環境問題に対する立場や考え方についても再認識するきっかけを与える．先にシステムは環境に含まれていると述べたが，全体である環境の破壊はシステムの危機につながる．すなわち，自然環境の破壊はわれわれの存続を脅かす．ここで，環境問題をとらえる立場として，自然界を中心に考える立場と人間界を中心に考える立場に分けることができる．また，環境を保全するアプローチも，前者の立場であれば自然環境への適応を主としたモデルとなるし，後者の立場であれば工学的な制御の手段が重要となろう．立場によってシステムを設計するアプローチが異なってくる．すると，環境システム学にとっての〈環境の世界〉創成とは，ある理想的な対象を直接提示することではなく，アプローチそのものであるということに気がつく．システム論的なアプローチによって，立場の違い，問題の所在，合議形成の場，これらを社会に提供することが，結果としてあるべき未来像をわれわれが獲得することになる．ただし，循環を内包した環境調和型社会の形成の概念は，自然中心的な立場であれ人間中心的な立場であれ，全体である環境を維持するための上位概念と

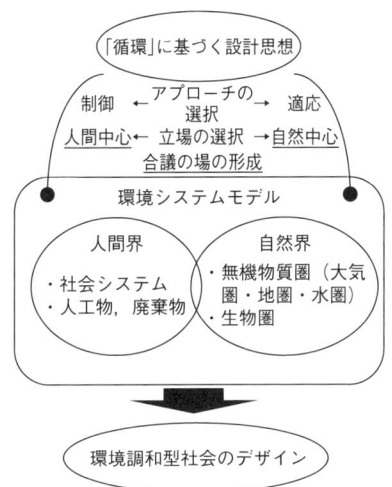

図1.2 環境システム学による環境システムモデルの構築と環境調和型社会の提案

なりうる．循環の概念にもとづくシステム論的なアプローチが，環境システム学における〈環境の世界〉創成の意味となる（図1.2）．

1.3 〈環境の世界〉創成実現へのアプローチ

環境システム学で取り扱う「環境」は，自然環境ならびに人工環境を含む広い領域が対象となる．環境をシステムとしてとらえるためにはいくつかの理解のステップがある．第1は，要素間の相互作用や関係性について把握することである．ここでは人間界と自然界における物質とエネルギーの流れを，フィールドワークや実験室研究，あるいは文献を通じて把握することである．第2は，それらの情報をもとにしたシステムを構築し，実際に動かしてみる段階である．すなわち，得られた物質とエネルギーの流れの情報，さらに工学的技術や社会システムの要素を取り入れた環境システムモデルを構築し，そのモデルを実際に動かしてみることで，環境・エネルギー問題における問題の所在とそれらの解決方法や制御の可能性を模索する段階である．第3は，最終段階としてのシステムデザインである．ここでは，構築したシステムモデルにもとづいた環境調和型社会のデザインの提案を意味する．現在の環境システム学は発展途上にあり，その全容を紹

介することはできない．しかし，本書では，上述のシステムデザインのアプローチを踏まえた上で，環境システム学で取り上げる対象について以下の3つの切り口で紹介したい．

1つめは「物質循環」のシステム論であり，自然界と人間界における物質循環のシステム論的な記述方法について解説する．先に述べたように，地球上の物質循環は，自然界の物質だけではなく人間活動で発生する廃棄物や人工物の循環も考慮する必要がある．これらについて，大気圏・水圏・地圏のそれぞれにおける物質循環のモニタリング手法や予測に関する技術開発について解説したい．また，われわれの生活は生態系サービスの上に成り立っている．人間活動の生態系への影響，すなわち生態系の保全・修復・創造技術といった視点を加え，生態系の変化と社会システムとの関連性について考える．それらの具体的な手法としての物質循環のモデリングおよび生態系を構成する物理場や生物の動態シミュレーションについて具体的な事例を交えて紹介する．

2つめは「環境調和型社会の創成」のシステム論について解説する．ここでは，「循環型社会」および「低炭素社会」の実現に向けた具体的なアプローチを紹介し，物質循環のシステムに加え，工学，経済，法律といった社会システムを記述・評価するための方法論について解説する．循環型社会を考える上で，社会における物質循環の構造や資源利用や廃棄物処理システムの構築が問題となる．このような問題に対しては，物質フローの定量的な把握や将来予測，循環型社会を構築する上で必要な技術システムのライフサイクル評価やコスト分析手法が有効である．本書では，主に物質フロー分析の手法について解説し，加えてPETボトルのリサイクル事例を取り上げ，現実の環境影響評価について紹介する．PETボトルのリサイクルについては，リサイクルのテーマとしてしばしば話題に取り上げられる対象であり，その有効性については皆が感心を持つところであろう．

一方，低炭素社会の形成に向けたアプローチも環境システム学が取り上げるべきテーマである．低炭素社会実現に向けては，温暖化ガス削減技術の工学的な視点でのエネルギー評価（エネルギーシステムのモデル化・最適化）に加え，経済的な視点からの評価が重要である．たとえばコンジョイント分析やCVM（仮想評価法）によって，消費者選好のモデル化と技術・政策の受容可能性の定量化が可能になる．すなわち個の内面にかかわる部分についても上述の手法などによりモ

デル化することで人間を含む社会システムの記述が可能になる．ただし，本書では温暖化ガス削減技術と経済成長の関係性に話を絞って解説を加えた．また，気候変動枠組条約の立場から見ると，京都メカニズムを利用した技術移転の経済的評価手法も重要な研究対象である．加えて，排出権取引の制度設計や国際協調のあり方についての社会科学的手法も重要な検討対象である．低炭素社会への取り組みについては，このような様々な手法のインテグレーションによって，エネルギー，経済，制度設計の視点を取り込んだシステムモデルについての記述が必要になる．

　3つめは「環境安全と教育」について紹介する．ここでは，主に個と環境の関係性の立場から解説を試みたい．現在の環境問題は，汚染者と非汚染者の関係が曖昧であること，影響の見えにくさや社会的な影響がきわめて複雑であるために，システム論的アプローチによる包括的な取り組みが必要とされる．化学物質の人体への影響は環境問題におけるきわめて重要な関心事であり，ここでは，化学物質による健康影響や曝露評価に対するリスク評価の手法について解説する．また，化学物質による健康影響を考慮した室内環境の具体的な事例として，東京大学柏キャンパスの保育園でのシックハウス症候群の抑制に配慮した建築設計の取り組みについて紹介する．最後に，環境システム学における環境安全教育について解説する．事故と安全教育は，社会一般において必要とされる対象であるが，ここでは大学実験室環境に的を絞り，事故における個と環境の関係性のシステム論的アプローチについて解説する．事故は当事者がその場でどのように判断したのかという内面的な問題と実験室環境という外部環境との関係性をモデル化する必要がある．このためには，人間行動学的手法や心理学的手法を通じた個人の内的な心理状態を客観的な指標による外部化した状態として記述することや，そのような情報を適切に整理する枠組み（階層化，カテゴリー分けなど）によるモデル化が必要である．さらに，これらのモデルを外部環境（ここでは実験室環境）と関連させた全体モデルの構築が必要となる．

　以上に述べたように，様々な手法を取り込んだシステムを構成していく過程を通じて，未来社会のあるべき姿を提示できる枠組みをつくることが環境システム学の目指すところである．個別の対象を科学的に扱う立場からは専門化と細分化が生じる．このような個別の「対象の科学性」の追求はいうまでもなく重要である．一方，環境問題には人や物，さらには個別の背景要因や歴史的経緯が含まれ

るため，システムモデルの構築および歴史性や一過性といった個別事象にも対応できる「アプローチの科学性」(吉川，1997) の進展がわれわれにとってきわめて重要である．

[大友順一郎]

1.4 10年後50年後に〈環境の世界〉のあるべき姿

〈環境の世界〉というよりも10年後50年後の地球上の人類と生態系，大気・水・土壌などの無機環境はどのようなものであるべきであろうか．現在 (2009年) の世界の人口は約68億人で，このペースで人口が増加していくと，2050年過ぎには100億人を突破すると予測されている．しかしながら，地球が100億人超の人口を支えることができるであろうか．さらに問題なのは，このようななかで，日本などの先進国では人口が減少に転じ，少子高齢化が大きな社会問題になっているのに対して，発展途上国では人口が増え続けている（したがって，世界全体の平均的な人口増加率よりはるかに高い増加率で人口が増え続けている）というひずみが生じている事実である．このまま何の対策も施されなければ，人口が100億人に達する前に，資源・食料・水などの争奪戦や南北問題（発展途上国と先進国との軋轢）などが深刻化し，人類社会が何らかのカタストロフィに陥って破たんするといったシナリオもあながち誇張とはいえない．

世界は環境だけで動いているわけではないが，人類や生態系が持続的に存在し続けるためには，環境問題をはじめエネルギー・資源，食糧，人口問題など人類や生態系の存亡にかかわり，人類がはじめて直面している大きな問題を何らかの方法で解決することが必要である．では，それはどのくらいの時間スケールで考えるべきであろうか．10年後はあまりにも短い．では，50年後は？　前述のように，現在のままのペースで人口が増え続けるならば40年後には100億人を突破してしまうということを考えれば，50年後といわず，もっと短い時間で解決をしなければならない．ここで，「解決する」とはどのような状態のことであるか具体的には明確ではないが，抽象的にいえば地球上の人類や動植物が持続的に存在できる状態に移行できれば，それが「解決」であろう．そのためには技術のようなハード面からだけでなく，経済や政策，倫理などソフト面を含めた総合的，システム的な検討が必要である．

持続的であるべき項目は，ざっと考えただけでも

- エネルギー・資源
- 鉱物資源
- 水,食料
- 生態系
- 無機環境(大気,水,土壌など)
- 材料
- 物流・人流の手段

などがあげられる.

ティルトン(2006)では,持続的であるべき項目として,
- 豊富で低費用の鉱物資源
- 人為的もしくは物理的資本(住宅,工場,学校,オフィスビル,道路,橋などのインフラ)
- 人的資本(健康で高い教育を受けた大衆)
- 自然資本(きれいな環境,手つかずの自然,豊かな生物多様性)
- 政治的および社会的な制度(安定した民主的な政治,発達した法制度,争いを平和的手段で解決する伝統)
- 文化(文学,音楽,芸術,芸能)
- 技術

があげられている.

地球温暖化はCO_2を排出し続けてきた先進国のせいである.先進国が享受してきた快適な生活を発展途上国も享受する権利があるといった主張もある意味正当な主張であり,このようななかで上記「解決」を図ることは非常に困難な命題である.

環境を守るために人間活動を大幅に抑えるという選択肢は可能性としてはあるが,非現実的であり大多数のコンセンサスを得るためには,人間活動を維持しつつ多様な生態系や無機環境を保全するにはどうするかを考える必要がある.持続的発展のためには「経済」と「環境」の両立を図る必要があるという主張があるが,「経済」という言葉でGDPの上昇といった量的な発展を求めることは,地球の収容力に限界がある以上,どこかで転換する必要がある.GDPがある閾値を超えると自身を幸福と感じる人の割合がGDPの増加ほどには増えないという調査結果もある.GDPの増加が人々の幸福に必ずしもつながらないという事実,

GDPの量が持続的に増え続けることは不可能であるという考えのもと,近年では,GDPに代わる指標として,生活の質や人々の幸福度を表す指標が提案されている(たとえば,ハーマン・E・デイリーの提唱するISEW (index of sustainable economic welfare)や,ブータンのジグメ・シンゲ・ワンチュク国王の提唱した「国民総幸福量」(GNH: gross national happiness)など(枝廣, 2007)).

21世紀の人類にとって,今やサステイナビリティ(持続可能性)どころではなく,サバイバビリティ(生存可能性)が問われているとの刺激的な新聞記事も目にするようになってきた.10年後50年後に世界のあるべき姿を思い描くことは難しいが,50年後には人類や生態系が持続的に存在できるシステムができあがる,あるいは少なくとも持続的に存在できるためのシステムの具体的ビジョンとそのビジョンを実現するために必要なことに関する認識を,先進国や発展途上国を問わず人類全体で共有し,行動することが必要であろう. ［影本　浩］

2 システムでとらえる自然界と人間界の物質循環

2.1 大 気 環 境

　地球をとりまく大気にかかわる環境問題として，地球温暖化，オゾン層破壊や酸性雨，光化学大気汚染などが注目を集めている．これらは地表から高度10 km程度までの対流圏，10 kmから50 km程度までの成層圏にかかわるものである．

　大気組成は対流圏において，N_2 78%，O_2 21%，Ar 0.9%，CO_2 0.038%，Ne 18 ppm，He 5.2 ppm，CH_4 1.77 ppm，H_2 0.5 ppm，N_2O 0.32 ppm，CO 0.05 ppm，O_3 0.01～0.04 ppm などとなっている（日本化学会，1990など）．また水蒸気（H_2O）濃度は気象条件により変動するが，地表付近では3%程度にまで達することがある．

　地球は太陽よりエネルギーを供給されており（1370 W/m^2），大気中に存在する成分は太陽光（波長0.2～3 μm程度）や地表から放出される赤外線を吸収することにより地球環境へ寄与している．

　様々な要因が関与する大気環境の解析のためには，大気環境影響物質の発生・輸送・変換・除去の各プロセスを検討し，それらをリンクして考えるとよい（図2.1）．

2.1.1 発生（排出）

　大気環境影響物質の発生源として植物や火山，海洋などの自然発生源と工場や自動車などの人為発生源がある．自然発生源として，たとえば海洋の植物性プランクトンから硫化ジメチル（dimethyl sulfide：CH_3SCH_3）が発生し，海洋上の硫酸エアロゾルの前駆体となっている．土壌からは土壌粒子が巻き上げられてエア

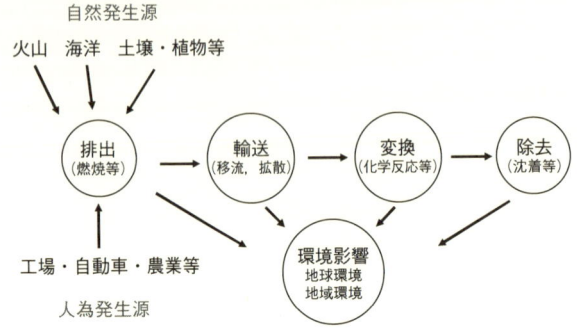

図 2.1 大気環境影響物質の挙動

ロゾルになったり,微生物の作用でメタン(CH_4)や(N_2O)などが発生したりする.植物からも揮発性有機化合物(VOC: volatile organic compounds)が発生する.さらに火山の噴火により二酸化硫黄(SO_2)などの大量の汚染物質が一気に成層圏下部に届く高度まで放出される場合がある.

一方,人為発生源として化石燃料の燃焼やバイオマス燃焼から窒素酸化物(NO_x),SO_2,VOC が発生する.燃焼により発生する NO_x の大部分は NO であり,その生成機構は燃料中に含まれる窒素分から生成する fuel NO,空気中に含まれる窒素に由来する thermal NO,燃料中の炭化水素が関与する prompt NO がある.SO_2 については燃料中に含まれる硫黄分に由来するので,石炭などの燃焼では多く発生する.また農業は人間活動に関連するので人為発生源であり,たとえば水田や牧畜からの CH_4 発生がある.水田ではメタン生成菌により生成した CH_4 がイネの茎を通って大気中へ放出される.牧畜ではウシなどの反芻動物の胃中の嫌気性微生物でセルロースが発酵して CH_4 を生成する.

大気汚染物質の発生源ごとの排出量を見積もることにより,エミッションインベントリ(emission inventory)が作成される.たとえば工場などでの化石燃料の燃焼からの排出は,煙道での排出濃度測定などにより決定された排出係数と燃料消費量から排出量が推定される.自動車からの排出は,車種別の排出係数と走行量などから算出される.

2.1.2 輸 送

大気中に排出された物質は移流(advection)・拡散(diffusion)により移動す

る.移流は風により気塊が移動すること,拡散は物質が濃度差などにより空気中に広がっていくことである.移流・拡散挙動の実験的検証には風洞実験やトレーサー実験(perfluoromethylcyclohexaneなどバックグラウンド濃度がきわめて低く測定も容易な物質を散布し,風下での濃度測定により広がりの状況を調べる)などが行われる.また,気象条件として風向・風速や温度・湿度,太陽光の紫外線強度,混合層高さなどが考慮される.

大気環境の解析には,気象条件,汚染物質の発生源強度や化学反応などを考慮したシミュレーションモデルが用いられるが,移流・拡散の観点からそれらを紹介する.

プルームモデル　プルーム(plume,煙流)とは煙突などから連続的に放出されている煙のことである.煙源からの煙が定常的に風下へ流れている状態の濃度を計算する.濃度分布は正規分布を示すとして,座標位置 x, y, z (m) における濃度 C は下記の式のように表される(岡本,2001).

$$C = \frac{Q}{2\pi\sigma_y\sigma_z U} \exp\left(-\frac{y^2}{2\sigma_y^2}\right)\left[\exp\left\{-\frac{(z-H_e)^2}{2\sigma_z^2}\right\} + \exp\left\{-\frac{(z+H_e)^2}{2\sigma_z^2}\right\}\right]$$

ここで,Q:汚染物質発生量(発生源の放出強度)(m³/s),U:風速(m/s),H_e:発生源高さ(有効煙突高さ:煙突の高さに暖かい煙の上昇分を加えたもの)(m),σ_y, σ_z:それぞれ y 軸,z 軸方向の拡散幅(m)である.

拡散状況は大気安定度に依存する.大気安定度はパスキル(Pasquill)の安定度階級が用いられる.これは,大気の状態を風速,日射量,放射収支量により分類するもので,強不安定(A),不安定(B),弱不安定(C),中立(D),弱安定(E),安定(F),強安定(G)に分けられる.拡散幅の値は,風下距離と大気安定度により拡散幅を示すパスキル-ギフォード図(Gifford, 1961)が用いられる.また,その値を表した近似式もある.

パフモデル　間欠的に放出された煙など瞬間的に発生した煙(puff)はひとかたまりとなって風下へ移動する.煙源からの煙を断片的に扱い,その和として濃度を計算する.

ボックスモデル　対象区域を格子に区切り,各格子内での汚染物質の発生,移流・拡散,反応,除去を計算し,格子相互の物質移動も考慮して,汚染物質の濃度を算出する.

化学種 c_i の物質収支を示すボックスモデルの支配式を下に示す(Seinfeld and

Pandis, 2006).

$$\frac{\partial c_i}{\partial t} + u_x \frac{\partial c_i}{\partial x} + u_y \frac{\partial c_i}{\partial y} + u_z \frac{\partial c_i}{\partial z}$$

$$= \frac{\partial}{\partial x}\left(K_{xx}\frac{\partial c_i}{\partial x}\right) + \frac{\partial}{\partial y}\left(K_{yy}\frac{\partial c_i}{\partial y}\right) + \frac{\partial}{\partial z}\left(K_{zz}\frac{\partial c_i}{\partial z}\right) + R_i(c_1, c_2, \cdots, c_n)$$

$$+ E_i(x, y, z, t) - S_i(x, y, z, t)$$

ここで，u：風速，K：拡散係数，R：反応項，E：排出項，S：除去項である．

流跡線モデル　風下に輸送される気塊（セル）中で汚染物質の取り込みと化学反応などを計算する．

その他　地形，建物などの影響を詳細に考慮したシミュレーションも行われている．たとえば，ビルに囲まれた道路において自動車から発生する汚染物質の濃度分布を計算するストリートキャニオンモデルなどがある．また，気象条件などと汚染物質の濃度の関係を統計的に扱うモデルも考えられている．

2.1.3　変　換

大気環境影響物質は移流・拡散の際に変換・変質することが多い．変換過程のうち，化学反応は重要である．光化学大気汚染などのように化学反応により新たな汚染物質を生成したり，オゾン層破壊のように対流圏で変質・消失しなかった物質が成層圏にまで達して問題を起こしたりする．

化学反応には光分解（photolysis）が寄与することも多い．たとえば，成層圏（10～50 km）での酸素の化学反応プロセスには光分解が深く関与してオゾンが生成する．

$$O_2 + h\nu \ (<242\,\text{nm}) \rightarrow O + O$$
$$O + O_2 + M \rightarrow O_3 + M$$
$$O_3 + h\nu \ (<350\,\text{nm}) \rightarrow O + O_2$$
$$O_3 + O \rightarrow O_2 + O_2$$

化学反応には気体どうしが反応する均一反応と，水や粒子状物質の表面が関与したりする不均一反応がある．大気環境影響物質の均一反応による変換としてはOHラジカルなどとの反応がある．たとえば，燃焼などにより排出されたVOCは大気中でOHラジカルやO_3などと反応し変質する．

$$\text{VOC} + (\text{OH}, O_3, O, NO_3\,\text{など}) + (O_2) \rightarrow RO_2$$

VOC+OH の反応速度定数（reaction rate constant）を $k_{\rm OH}$ とすると，VOC の減少の反応速度式は

$$\frac{{\rm d}[{\rm VOC}]}{{\rm d}t} = -k_{\rm OH}[{\rm VOC}][{\rm OH}]$$

と書ける．OH ラジカルの平均濃度を設定すれば（たとえば日中 12 時間で 0.06 ppt），VOC の濃度変化の度合いがわかり，大気中での寿命が評価できる．

不均一反応としては酸性雨に関与する反応（たとえば，硫黄酸化物が水中に取り込まれて硫酸への酸化が促進される）などがある．

2.1.4 除去（消失）

大気環境影響物質の除去には化学反応による消失に加えて，乾性沈着（dry deposition），湿性沈着（wet deposition）がある．乾性沈着のフラックスは物質の大気中濃度と乾性沈着速度（物質や沈着する面に依存し，0.1～1 cm/s 程度）の積で表される．粒子状物質では粒径による影響が大きい．湿性沈着には雲粒に取り込まれる rainout と雨滴に取り込まれる washout がある．湿性沈着による化学物質の除去は雲粒による取り込み係数を用いたり，降水量と対応させたりして見積もられる．

2.1.5 大気環境問題

a. 地球温暖化

地球の気温を決定する太陽からの放射エネルギーと地球から放散されるエネルギーのバランスは，大気がエネルギーを吸収することにより現在の気温に保たれているが，二酸化炭素などの温室効果ガスの濃度が増すことにより温度が上昇する．温室効果が一番大きいのは水蒸気であるが気象条件などに依存するので，人為的に放出され気温上昇に影響する CO_2，CH_4，N_2O，CFCs（クロロフルオロカーボン chlorofluorocarbons）などが排出抑制の対象となる．また粒子状物質（aerosol）はトータルとして温暖化効果を緩和する作用があるといわれている．地球温暖化による気候変動の現状や影響，今後の動向ととるべき政策などについて，IPCC の報告書（IPCC, 2007）に詳述されているので参照されたい．

b. オゾン層破壊

地上およそ 10~50 km の成層圏にはオゾン層が存在し，太陽光の有害な紫外線を吸収して地表に到達するのを防いでいる．しかし，冷却剤，発泡剤などとして生産されたクロロフルオロカーボンや消火剤，溶剤などとして用いられるハロン（halons）の成層圏での光分解により生成するハロゲン原子（塩素，臭素）の関与する連鎖反応によりオゾン層の破壊が起こっている．たとえば，南極上空のオゾン濃度が著しく減少するオゾンホールの存在が指摘されている．南極点でのオゾン濃度は 300 DU 程度（DU：ドブソンユニット＝地表から大気圏最上部までのオゾン全量を，273 K，1 atm でのオゾンの厚み（mm）で表し，それを 100 倍した値）であるが，9月から11月頃には半分以下の値になる（ESRL より）．オゾン層の破壊により，皮膚がんの増加などのヒトへの健康影響や動植物への影響が懸念される．

ハロゲン（フッ素，塩素，臭素，ヨウ素）を含む炭化水素をハロカーボン（halocarbon）と呼ぶ．塩素化，フッ素化された脂肪族飽和炭化水素の総称であるフロン（クロロフルオロカーボン）は，不燃性で毒性がなく，加圧すると液化しやすく，冷媒などに用いられてきた．フロン類は，大気中では，対流圏での反応性は乏しいが，成層圏で光分解し，オゾンと反応する塩素を生成するので，オゾン層破壊物質となる．クロロフルオロカーボンによるオゾン層破壊は 1970 年代半ばに Molina と Rowland（Molina and Rowland, 1974）により指摘されており，彼らには 1995 年にノーベル化学賞が授与された．

臭素を含むハロゲン化炭化水素であるハロンも，成層圏で光分解し臭素（Br）を生成する．臭素はオゾンと反応するので，ハロンはフロンなどと同様にオゾン層破壊物質である．また，フロンもハロンも地表からの赤外線放射を吸収するので地球温暖化物質（温室効果ガス）でもある．ハロンは溶剤などとして用いられ，また，ハロンが熱分解して生成した臭素は燃焼の連鎖反応を停止させるので消火に有効であり，機器への影響が少ないなどの理由でビル火災などに対する消火剤に使用されていた．大気中に存在するハロンとしては臭化メチル（CH_3Br），三フッ化臭化メチル（CF_3Br）などがある．臭化メチルは，溶剤や穀物の薫蒸などに用いられる．大気中の CH_3Br は，溶剤の揮発や海洋やバイオマス燃焼により発生する．CF_3Br は人為的発生である．ハロンの存在量はフロンに比べて少ないが，臭素のオゾン破壊効率は塩素より大きく，その影響は無視できない．ハロ

ンについても，フロンと同様に地球環境の保護のため，削減対策や代替物質の使用が進められており，消火剤としてのハロンの使用は中止された．

オゾン層破壊物質についての規制を定めた1987年のモントリオール議定書では，特定フロン11(CCl_3F)，12(CCl_2F_2)，113(CCl_2FCClF_2)，114($CClF_2CClF_2$)，115($CClF_2CF_3$)や特定ハロン1211($CBrClF_2$)，1301($CBrF_3$)，2402($CBrF_2CBrF_2$)の生産量の削減や使用制限が求められている．日本でもオゾン層保護法（特定物質の規制等によるオゾン層の保護に関する法律）が1988年に制定され，オゾン層を破壊する物質の製造などの規制，輸出に関する届け出，排出の抑制および使用の合理化，調査・研究の推進，規制違反に対する罰則などが定められている．それにより，フロンやハロン，四塩化炭素などの製造が禁止された．また，カーエアコンの冷媒として用いられているフロンの回収を義務づけた自動車リサイクル法（使用済自動車の再資源化等に関する法律）が施行されている．

フロン代替物質として，水素を含むハイドロクロロフルオロカーボン(HCFC)が用いられる．水素があるので，対流圏での反応性はフロンより高いが，一部は成層圏にまで到達するので，オゾン層破壊に至る．塩素を含まないハイドロフルオロカーボン（HFC）は，温室効果ガスであるので，地球温暖化への寄与が懸念されており，最近では，イソブタンなどのハロゲンを含まない炭化水素が使用されている．

成層圏でのオゾンの生成は以下のような反応で進行する．

$$O_2 + h\nu \rightarrow O + O$$
$$O + O_2 + M \rightarrow O_3 + M$$
$$O_3 + h\nu \rightarrow O_2 + O$$
$$O_3 + O \rightarrow O + O_2$$

c. オゾン消失サイクル

一方，O_3消失は下記のように進行する．

$$X + O_3 \rightarrow XO + O_2$$
$$\underline{XO + O \rightarrow X + O_2}$$
$$\text{Net } O_3 + O \rightarrow O_2 + O_2$$

ここでX＝H, OH, NO, Cl, Br

たとえば，フロン11は光分解によりCl原子を生成する．

$$CFCl_3 + h\nu \rightarrow CFCl_2 + Cl$$

Cl 原子の関与するオゾン破壊プロセスは

$$Cl + O_3 \rightarrow ClO + O_2$$
$$ClO + O \rightarrow Cl + O_2$$
$$\overline{\text{Net } O_3 + O \rightarrow O_2 + O_2}$$

となる.

この反応で生成した ClO はたとえば NO_2 と反応する.

$$ClO + NO_2 + M \rightarrow ClONO_2 + M$$

$ClONO_2$ は Cl の貯蔵源となり,光分解により ClO や Cl を生成することでオゾンサイクルに影響を及ぼす.

$$ClONO_2 + h\nu \rightarrow ClO + NO_2$$
$$ClONO_2 + h\nu \rightarrow Cl + NO_3$$

臭素についても同様な機構であり,$BrONO_2$ が Br の貯蔵源となる.

南極のオゾンホールでは,極成層圏雲(psc: polar stratospheric clouds)の関与が指摘されており,psc 表面上での反応がオゾン破壊を促進する.温度 190～195 K では,NAT (nitric acid trihydrate $HNO_3 \cdot 3H_2O$) や $HNO_3/H_2SO_4/H_2O$ 系粒子が影響する.もっと高い温度では氷粒子が寄与する.psc 表面では下記のような反応が起こると考えられている.

$$HCl(s) + ClONO_2 \rightarrow Cl_2 + HNO_3(s)$$
$$ClONO_2 + H_2O(s) \rightarrow HOCl + HNO_3(s)$$
$$HOCl + HCl(s) \rightarrow Cl_2 + H_2O$$

Cl_2 や HOCl は光分解により Cl 原子を生成する.

ハロカーボンの成層圏オゾン減少への影響は,オゾン層破壊ポテンシャル (ODP: ozone depletion potential) として定義されている.これは,排出物質単位質量当たりのオゾン定常濃度の減少を示し,フロン 11 (三塩化フッ化メチル:CCl_3F) に対する比として表される.表 2.1 にハロカーボンの ODP と大気中での寿命を示した.フロンよりハロンの方がオゾン層破壊ポテンシャルは大きく,たとえば,ハロン 1301 ($CBrF_3$) で 16 である.

モントリオール議定書後の規制により,ハロカーボンの排出量は減少しており,それに伴い,多くのガスの大気中濃度も減少傾向にある.しかし,オゾン層の回復のためには時間がかかり,WMO によるモデル計算では,1980 年レベルに回復するのは今世紀半ばになるものと予測されている.

表2.1 ハロカーボンのオゾン層破壊ポテンシャルと大気中での寿命（WMO, 2007）

化合物	ODP	寿命（年）
CFC-11（CCl_3F）	1	45
CFC-12（CCl_2F_2）	1.0	100.7
CFC-113（CCl_2FCClF_2）	1	85
CFC-114（$CClF_2CClF_2$）	0.85	300
CFC-115（$CClF_2CF_3$）	0.40	1700
CCl_4	0.73	26
CH_3Cl	0.02	1.0
ハロン1211（$CBrClF_2$）	7.1	16
ハロン1301（$CBrF_3$）	16	65
ハロン2402（$CBrF_2CBrF_2$）	11.5	20
CH_3Br	0.51	0.7

d. 光化学大気汚染

自動車や工場などから排出された NO_x と VOC が太陽光の下で反応し，オゾンなどの光化学オキシダントを生成し，人体や植物などに悪影響を及ぼす．NO_x の主な発生源は自動車である．VOC の発生源は，印刷や塗装などである．これらが大気中に放出されたのち，移流・拡散しながら化学反応を起こし，オゾンなどを生成する．

VOC-NO_x-空気系の大気中光化学反応機構は以下のようになる．

$$NO_2 + h\nu \rightarrow NO + O$$
$$O + O_2 + M \rightarrow O_3 + M$$
$$NO + O_3 \rightarrow NO_2 + O_2$$
$$2\,NO + O_2 \rightarrow 2\,NO_2$$

$2\,NO+O_2$ の反応は NO が高濃度のときに寄与するので，主に最初の3つの反応により O_3 はある定常濃度に達する．ところが，VOC が存在すると

$$VOC + (OH, O_3, O, NO_3\,\text{など}) + (O_2) \rightarrow RO_2$$
$$RO_2 + NO \rightarrow RO + NO_2$$
$$RO + O_2 \rightarrow R'COR'' + HO_2$$
$$HO_2 + NO \rightarrow OH + NO_2$$

これらにより，NO $\rightarrow$ NO_2 変換が促進され，その結果，O_3 濃度は増加する．

一方，

$$RO, RO_2 + NO, NO_2 \rightarrow RONO, RONO_2$$
$$OH + NO_2 + M \rightarrow HNO_3 + M$$
$$NO_2 + NO_3 + M \rightarrow N_2O_5 + M$$
$$N_2O_5 + H_2O \rightarrow 2\,HNO_3$$

これらの反応により NO_x が除去されて, やがて O_3 生成は収まる.

大気中光化学反応については, 反応容器中に精製空気―窒素酸化物―有機化合物などを導入し, 紫外線を照射し光化学反応を起こすスモッグチャンバー実験が行われる. 反応物, 生成物の濃度変化を追跡することにより, 反応機構に関する情報が得られる. また, それをもとに化学反応のモデル化が行われる.

VOC の反応機構は物質により異なる. パラフィン類は OH による水素引き抜き反応, 二重結合を持つオレフィン類は OH やオゾンの付加反応を主に受け, 芳香族化合物はベンゼン環への OH の付加を受けて最終的には環が開裂して様々な生成物を生じる. また反応性も物質により異なる. OH との反応速度定数(表 2.2)を見ると, オレフィンやアルデヒドが大きくパラフィンが小さい.

オゾン生成から見ると VOC 単独の場合の最大オゾン生成で評価したり, 実際大気への適用を考えた VOC 混合系へ添加したときのオゾン生成の増加で評価する最大増分反応性 (maximum incremental reactivities) (Carter, 1995) などがある. また, オゾン生成は VOC と NO_x の比率に依存するので, NO_x の初期濃度が低くても比較的高いオゾン生成を示す場合がある.

実際大気の解析に用いるモデルに組み込む化学反応モデルには, 大気中に存在

表 2.2 室温での有機化合物と OH ラジカルとの気相反応速度定数(単位:cm^3/molecule/s)(Atkinson, 1985)

アルカン	CH_4(メタン) 8.41×10^{-15}	n-C_4H_{10}(ブタン)	2.55×10^{-12}
アルケン	C_2H_4(エチレン) 8.54×10^{-12}	C_3H_6(プロペン)	2.63×10^{-11}
芳香族	C_6H_6(ベンゼン) 1.28×10^{-12}	C_7H_8(トルエン)	6.19×10^{-12}
アルデヒド	HCHO(ホルムアルデヒド) 9.0×10^{-12} CH_3CHO(アセトアルデヒド) 1.62×10^{-11}		
ケトン	CH_3COCH_3(アセトン) 2.3×10^{-13}		
アルコール	CH_3OH(メタノール) 9.0×10^{-13}	C_2H_5OH(エタノール)	2.9×10^{-12}
エーテル	CH_3OCH_3(ジメチルエーテル) 2.98×10^{-12} $CH_3OC(CH_3)_3$(メチル t-ブチルエーテル) 2.86×10^{-12}		

する有機化合物にかかわるすべての反応を考慮するのは非現実的であるので，有機化合物を構造や反応性で分類し代表させる一括化モデル (lumped mechanism) が用いられる．たとえば，SAPRC mechanism (Carter) や化合物を炭素結合構造によりグループ化して反応を考える CBM (carbon bond mechanism) がある (Gery et al., 1989).

大気環境測定局の測定結果によると NO_x，NMHC 濃度は横ばいからゆるやかな改善傾向にある一方，光化学オキシダント濃度は近年漸増にある（環境省, 2009). これについては北東アジアからの汚染物質の輸送によるバックグラウンドオゾン濃度の影響が指摘されている．

アルコールなどが石油代替燃料として使用される場合，それ自身の反応性は低いが，燃焼生成物にアルデヒド類が増える．アルデヒド類は高反応性であるので添加量や燃焼状態により光化学大気汚染へ影響を及ぼす可能性もある．

e. エアロゾル

粒径が 10 μm 程度までの浮遊粒子状物質（エアロゾル）の環境影響にも注目が集まっている．エアロゾルには発生源から直接排出される 1 次粒子と大気中でのガス→粒子変換などにより生成する 2 次粒子がある．エアロゾルの発生源は，1 次粒子について人為起源はばい煙発生設備，粉じん発生施設，自動車，船舶，航空機など，自然起源は土壌，海洋，火山活動，森林火災，花粉などである．2 次粒子について SO_4^{2-} は燃焼由来の SO_2 や生物由来の H_2S, DMS などから，NO_3^- は燃焼由来の NO_x や生物活動の NO_x, NH_3 などから，Cl^- は燃焼由来の HCl から，NH_4^+ は NH_3 から，有機化合物は燃焼などによる VOC や植物のテルペンなどから変換したものである（浮遊粒子状物質対策検討会, 1997).

日本の環境基準でいう浮遊粒子状物質 (SPM) は粒径 10 μm 以上の粒子を 100% 除去する装置を通過した粒子であり，一方，PM 10 は粒径 10 μm 以上の粒子を 50% 除去する装置を通過した粒子であるので注意が必要である（笠原ほか, 2009).

エアロゾルの特性を理解するためには，化学組成，粒径，濃度を把握することが重要である．エアロゾル粒子は多数の元素・化学種からなることが多く，粒径（分布）や濃度と合わせて発生源や毒性につながる情報が得られる．

f. 酸性雨

大気中の二酸化炭素と平衡にある水の水素イオン濃度（pH）は5.6であり，降雨中のpHがそれを下回る場合，酸性雨と呼ばれる．酸性雨では，燃焼などにより排出された硫黄酸化物や窒素酸化物が大気中で硫酸，硝酸と変質し，雨水に取り込まれ，pHが高まる．酸性雨により，森林，土壌，湖沼，文化財などへの影響が懸念される．

酸性雨に関与する化学反応について説明する．

二酸化炭素が水に取り込まれ，炭酸水素イオン，炭酸イオンとなる．

$$CO_2(g) + H_2O \Leftrightarrow CO_2(aq)$$
$$CO_2(aq) \Leftrightarrow H^+ + HCO_3^-$$
$$HCO_3^- \Leftrightarrow H^+ + CO_3^{2-}$$

気体が液体にわずかに溶解する場合，気相と液相での化学種の平衡はヘンリーの法則に従い，気体の溶解度は気体の分圧 p に比例する．比例係数Hはヘンリー係数と呼ばれる．

$$A(g) \Leftrightarrow A(aq) \quad [A(aq)] = Hp$$

表2.3に気体の水への溶解についてのヘンリー係数をいくつか示した．

表2.3 298 Kでの水に対する各気体のヘンリー係数 (Seinfeld and Pandis, 2006 より)

化学種	NO	NO_2	CO_2	SO_2	HCl	H_2O_2	HNO_3
H (M/atm)	1.9×10^{-3}	1.0×10^{-2}	3.4×10^{-2}	1.23	727	7.45×10^4	2.1×10^5

燃焼により排出されるSO_2，NOは大気中でOHラジカルとの反応などにより，硫酸，硝酸に変換する．

NOから硝酸への気相での変換は下記のような反応で進行する．

$$NO + O_3, HO_2 など \rightarrow NO_2 \quad \text{(d. 光化学大気汚染参照)}$$
$$NO_2 + OH + M \rightarrow HNO_3 + M$$

夜間には

$$NO_2 + O_3 \rightarrow NO_3 + O_2$$
$$NO_3 + RH \rightarrow HNO_3 + R$$
$$NO_2 + NO_3 \Leftrightarrow N_2O_5$$
$$N_2O_5 + H_2O \rightarrow 2\,HNO_3$$

となる．

硝酸はヘンリー係数が大きく，容易に水に取り込まれる．
$$HNO_3(g) + H_2O \Leftrightarrow HNO_3(aq)$$
$$HNO_3(aq) \Leftrightarrow H^+ + NO_3^-$$
SO_2 から硫酸への気相での変換は下記のような反応で進行する．
$$SO_2 + OH + M \rightarrow HOSO_2 + M$$
$$HOSO_2 + O_2 \rightarrow HO_2 + SO_3$$
$$SO_3 + H_2O + M \rightarrow H_2SO_4 + M$$
また，水蒸気などが関与すると変換反応が促進される．

SO_2 ガスは水に取り込まれ，亜硫酸イオンとなる．SO_2 のヘンリー係数は NO_2 と比べて大きい．
$$SO_2(g) + H_2O \Leftrightarrow SO_2(aq)$$
$$SO_2(aq) \Leftrightarrow H^+ + HSO_3^-$$
$$HSO_3^- \Leftrightarrow H^+ + SO_3^{2-}$$
SO_2 と O_3 の反応は気相では遅いが，水が関与すると速まる．
$$S(IV) + O_3 \rightarrow S(VI) + O_2$$
また，H_2O_2 は水溶性が高く，SO_2 の酸化に大きく寄与する．
$$HSO_3^- + H_2O_2 \Leftrightarrow SO_2OOH^- + H_2O$$
$$SO_2OOH^- + H^+ \rightarrow H_2SO_4$$
雲水中の金属イオン（Mn^{2+}, Fe^{3+} など）が関与すると，酸素による酸化が促進される．
$$S(IV) + \frac{1}{2}O_2 \rightarrow S(VI)$$
各プロセスによる S(IV) から S(VI) への酸化（$SO_2 \rightarrow SO_4^{2-}$）は，pH に影響される．各化学種の大気中濃度を考慮した見積もりによると，pH 5 以下では H_2O_2 の寄与が圧倒的であり，もっと高い pH では O_3 や Fe^{3+} イオンの寄与が大きいとされている (Seinfeld and Pandis, 2006)．

酸性雨の原因となる SO_x が長距離輸送により影響を及ぼすことがヨーロッパなどで指摘されてきた．日本でも中国大陸から SO_x がかなりの程度，輸送されていると考えられる．SO_x のうちの大部分を占める SO_2 の地球規模での発生量の見積もり (Berresheim et al., 1995) によると，化石燃料の燃焼などから 70 Tg (S)/年，バイオマス燃焼から 2.8 Tg (S)/年，火山から 7〜8 Tg (S)/年程度発生

するとされている（Tg=10^{12}グラム，Tg(S)は硫黄としての重量を示す）．石炭などの燃焼からの生成が大部分であるが，火山の寄与も無視できない．中国については石炭の使用による排出が非常に多いことが指摘されており，今後の脱硫対策のいっそうの進展が望まれる．

NO_xはSO_xに比べると反応性が高く，大気中での光化学反応などにより，輸送途中でかなり変質していると考えられている．NO_xの地球規模での発生量の見積もり（IPCC, 2001）によると，2000年のNO_x排出は，化石燃料の燃焼から33.0 Tg(N)/年，土壌から5.6 Tg(N)/年，バイオマス燃焼から7.1 Tg(N)/年，雷により5.0 Tg(N)/年などとなっている．

東アジアからのNO_x, SO_xの発生量は増加しており，また汚染物質の長距離輸送が酸性雨に影響を及ぼしているため，東アジア13カ国（日本，中国，韓国，ロシア，モンゴル，タイ，ベトナム，インドネシア，マレーシア，フィリピン，カンボジア，ラオス，ミャンマー）が参加する東アジア酸性雨モニタリングネットワーク（EANET: acid deposition monitoring network in East Asia）が稼働している．EANETでは，湿性沈着，乾性沈着，土壌・植生，陸水のモニタリングが実施されており，実態把握，影響評価や汚染防止対策に貢献している．

[阿久津好明]

2.2 海洋環境

2.2.1 海洋の物質循環と海洋環境問題

海洋環境をシステムという観点からとらえてみると，海洋の役割を熱（エネルギー）や物質の貯蔵と輸送を行う機能として考えることができる．そしてその役割を担っているのは，波や流れなどの様々なスケールの物理現象や，海の生態系である．図2.2は海洋生態系による物質循環の模式図である．植物（海洋では主に植物プランクトン）の光合成による1次生産によって栄養塩（無機態の窒素やリンなど）から有機物が生成され，食物連鎖を通じてより高次の動物へと有機物が転送され，それぞれの段階での排泄物や死骸（デトリタス）がバクテリアによって分解され無機物になり，再び植物に利用されるという物質循環の構造は陸でも海でも共通である．一方，海洋生態系による物質循環の特徴は，陸では生物の排

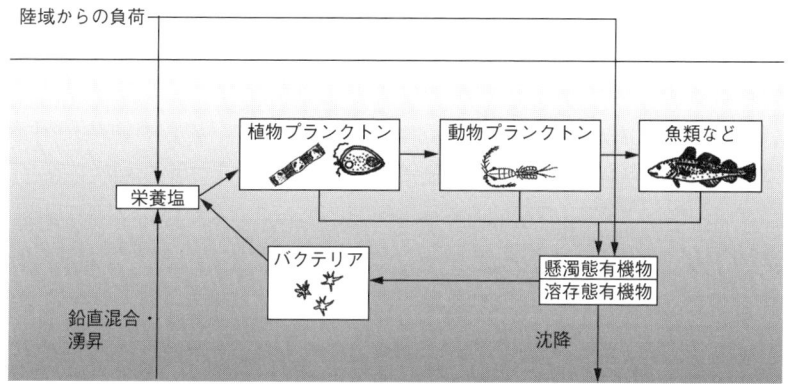

図 2.2　海洋生態系の模式図

泄物や死骸はその場で分解されてただちに植物が再利用できるのに対して，海洋では生物の排泄物や死骸の多くは光の届かない海の深層に沈んでいくため，すぐに植物に再利用されることがないことである．沈降した有機物はいずれ分解されて無機物になるので，一般に海洋の表層では栄養塩が枯渇しており深層水の栄養塩濃度は高い．植物プランクトンは光の届く表層でしか生息できないので，外部から栄養塩の供給がない外洋の大部分は生産性の非常に低い場所になっている．つまり，海では光と栄養塩が植物の成長の重要な制限要因となっている（陸上では水が重要である）．また，有機物が深海に沈むときにそれに含まれる炭素が海洋深層に輸送され，湧昇などがなければ大循環の時間スケールで炭素が深海に隔離されることになる．海洋生態系のこの働きは生物ポンプと呼ばれ，大気中の二酸化炭素を海洋に吸収する重要なプロセスである．

　では，このような海洋の物質循環システムと，海洋環境問題はどのように関連しているのであろうか．人類は海洋の生態系から食料の供給や水質浄化，気候調節，さらにはレジャーによる楽しみや精神的な安らぎに至るまで様々な恩恵（生態系サービス）を受けている．また同時に，人類はその活動を通して海洋生態系や物質循環に対して働きかけ影響を与えている．このような人間と海洋環境システムとのかかわりに何かしらのひずみが生じた場合に，それが海洋環境問題として認識されることになる．

　一般に海洋環境問題というと，まず海洋汚染を思い浮かべる人が多いであろう．たとえば，人為起源の残留性有害化学物質は，物質循環を通して海洋生態系

に深刻な影響を及ぼす可能性がある．海洋汚染には様々な物質や形態があり，それらに応じた多様な対策が求められる．一般には，排出源の特定，汚染物質の挙動の把握，生態リスクや経済的損失の評価などに基づいて，合理的かつ効果的な対策を講じることが求められるが，それぞれの過程に関して必ずしも十分に解明されているわけではない．また，海流などの自然のプロセスや船舶航行などの人為的プロセスによって国境を越えて物質が輸送されているため，多くの場合には国際的な枠組みのなかで対応していくことが不可欠である．一方で，各国の事情などにより国際条約の発効が遅れたり，国内法の対応が十分に行われずにその効力が十分に発揮されない場合もある．

沿岸域の富栄養化問題は，海洋汚染問題の1つととらえることもできるが，窒素やリンなどの富栄養化物質は元来生物生産に必要な物質であること，沿岸域は人類が高度に利用しており防災や利用も含めた多様な観点からの管理が必要である点において単なる海洋汚染問題とは別の議論が必要であると考えられる．陸からの栄養塩供給があり水深が浅い沿岸域は，地球上の他の地域と比べても非常に生産性の高い場所となっている．Constanzaら（Constanza et al., 1997）の試算によると，生態系サービスの貢献度を場によって分類すると，沿岸域が4割弱を担っており最も重要な場となっている．また最近では劣化した環境を修復することも考えられているが，このような場合も人間が海洋環境システムに働きかけ，それによる生態系サービスのフィードバックを期待するという海洋環境問題の構造になっていると考えることができる．

さらに，地球規模の食料，資源，エネルギー，気候変動などの環境問題に対処するために海洋環境システムに働きかけることも考えられている．地球環境問題対策としての海洋利用も海洋生態系による物質循環と非常に深いかかわりがあり，広義の海洋環境問題ととらえることができる．たとえば，地球温暖化を緩和するためにCO_2を海に隔離する試みや，人工的に海の生産を増やすことで水産資源を増やそうという試みなどがあるが，これらも海洋環境システムを使って人間が得る生態系サービスを増大させようとしているととらえることができよう．

2.2.2 物質循環の評価手法と生態系モデル

海洋環境問題に対処していくためには，人間が海洋環境システムに影響を与えた場合にどのような応答をするかを解析する必要がある．そのための主要なアプ

ローチには観測とモデルがあり，それぞれ次のような特徴がある．観測は，過去や現在のシステムの状態を計測などによって把握することであるので，現実を反映したものであり，システムで何が起こっているかを知るためには不可欠である．しかし，海洋環境システムのなかでは様々な時空間スケールの現象が起こっており，それが複雑に絡みあっている．観測によって把握されるものは通常そのような過程の集積の結果であり，個々のプロセスそのものを直接見ることは困難である．また，一般に海洋のモニタリングは陸に比べて時空間的に密に行うことが困難なため，多くの場合限られた点での時系列的なデータ，あるいはある瞬間での空間的なデータというような断片的なデータになってしまう．一方，モデルはシステムのなかで起こっている様々なプロセスを記述することができる．したがってモデルを利用することで，どのようなプロセスで現象が起こっているのかを理解できる可能性がある．ただし，モデルはあくまでも現実を何らかの形で簡略化したものであり，常にこれが正しいかどうかを観測によって検証する必要がある．陸上に比べて観測が困難である海洋では，このような特性を持つ観測とモデルをうまく組み合わせて海洋環境システムの解析をしていくことが非常に重要である．

特に，海洋環境中の物質循環を把握して，人間活動による海洋への影響を事前に予測する場合には，数値モデルによるシミュレーションは非常に重要なツールである．数値シミュレーションでは，図2.2に示すような海洋の物質循環をモデル化した生態系モデルを構築し，一般的には時間発展の偏微分方程式系を解くことによってその動的挙動を表現する．海洋における物質循環の特徴は，物質の移動は基本的に流れ場に大きく依存するということである．そして海洋の流れは，潮汐，海面の風応力，および海面や陸からの熱・塩分フラックスの空間分布に起因する密度差によって駆動される．したがって，海洋の物質循環を評価するための数値モデルは，一般に海水の流れや水温・塩分・密度場といった物理過程を計算する部分と，計算された物理量を用いて生物による生産，消費，分解や水質などの生物化学過程を計算する部分から構成される．

海水の流れや水温・塩分・密度場などの物理過程のモデルとしては，流速の3方向成分 u, v, w, 圧力 p, 水温 T, 塩分 S, 密度 ρ の7変数に関する以下の7つの方程式で記述されるのが一般的である．

$$\frac{\partial u}{\partial t}+u\frac{\partial u}{\partial x}+v\frac{\partial u}{\partial y}+w\frac{\partial u}{\partial z}=-\frac{1}{\rho_0}\frac{\partial p}{\partial x}+fv+\frac{\partial}{\partial x}\left(A_M\frac{\partial u}{\partial x}\right)$$
$$+\frac{\partial}{\partial y}\left(A_M\frac{\partial u}{\partial y}\right)+\frac{\partial}{\partial z}\left(K_M\frac{\partial u}{\partial z}\right) \quad (1)$$

$$\frac{\partial v}{\partial t}+u\frac{\partial v}{\partial x}+v\frac{\partial v}{\partial y}+w\frac{\partial v}{\partial z}=-\frac{1}{\rho_0}\frac{\partial p}{\partial y}-fu+\frac{\partial}{\partial x}\left(A_M\frac{\partial v}{\partial x}\right)$$
$$+\frac{\partial}{\partial y}\left(A_M\frac{\partial v}{\partial y}\right)+\frac{\partial}{\partial z}\left(K_M\frac{\partial v}{\partial z}\right) \quad (2)$$

$$0=-\frac{1}{\rho}\frac{\partial p}{\partial z}-g \quad (3)$$

$$\frac{\partial u}{\partial x}+\frac{\partial v}{\partial y}+\frac{\partial w}{\partial z}=0 \quad (4)$$

$$\frac{\partial T}{\partial t}+u\frac{\partial T}{\partial x}+v\frac{\partial T}{\partial y}+w\frac{\partial T}{\partial z}=\frac{\partial}{\partial x}\left(A_C\frac{\partial T}{\partial x}\right)+\frac{\partial}{\partial y}\left(A_C\frac{\partial T}{\partial y}\right)$$
$$+\frac{\partial}{\partial z}\left(K_C\frac{\partial T}{\partial z}\right) \quad (5)$$

$$\frac{\partial S}{\partial t}+u\frac{\partial S}{\partial x}+v\frac{\partial S}{\partial y}+w\frac{\partial S}{\partial z}=\frac{\partial}{\partial x}\left(A_C\frac{\partial S}{\partial x}\right)+\frac{\partial}{\partial y}\left(A_C\frac{\partial S}{\partial y}\right)$$
$$+\frac{\partial}{\partial z}\left(K_C\frac{\partial S}{\partial z}\right) \quad (6)$$

$$\rho=\rho^*(p, T, S) \quad (7)$$

ここで，t は時間，g は重力加速度，ρ_0 は海水密度の基準値，f はコリオリパラメータ，A_M, K_M はそれぞれ水平，鉛直渦動粘性係数，A_C, K_C はそれぞれ水平，鉛直渦拡散係数である．式(1)～(3)は静水圧近似を用いた運動方程式，式(4)は連続の式，式(5)，(6)は水温・塩分の移流・拡散方程式，式(7)は海水の密度と水温・塩分を関係づける状態方程式（ρ^* はその関数）となっている．

化学・生物過程のモデルは，基本的に化学物質や生物の挙動が流れ場に依存し，それらの変数の時間変化が移流・拡散方程式で表現されるものとして，化学・生物過程による増加，減少を時間変化項のなかで評価する．海域のある地点における状態変数 B の時間変化を記述する方程式は次のように表すことができる．

$$\frac{\partial B}{\partial t}+u\frac{\partial B}{\partial x}+v\frac{\partial B}{\partial y}+w\frac{\partial B}{\partial z}=\frac{\partial}{\partial x}\left(A_C\frac{\partial B}{\partial x}\right)+\frac{\partial}{\partial y}\left(A_C\frac{\partial B}{\partial y}\right)$$
$$+\frac{\partial}{\partial z}\left(K_C\frac{\partial B}{\partial z}\right)+\left(\frac{\partial B}{\partial t}\right)^* \quad (8)$$

右辺の最後の項 $(\partial B/\partial t)^*$ が化学・生物過程を表しており，たとえば後述の図2.4の生態系モデル中の植物プランクトン（PHY）に関しては，以下のようになる．

$$\left(\frac{\partial PHY}{\partial t}\right)^* = （光合成による増殖）-（呼吸）-（細胞外分泌）$$
$$-（動物プランクトンによる摂食）-（ベントスによる摂食）$$
$$-（枯死） \qquad (9)$$

実際に生態系モデルの計算を行う場合は多くのパラメータを決定しなければならない．それらは，生物実験や現場観測データとモデルの感度解析などによって決めていく．

次節以降では，生態系モデルを用いた海洋環境解析の具体的な例として，沿岸海域の開発や環境施策の評価，および沖合の海洋利用の環境影響評価に関する事例を紹介する．

2.2.3 沿岸海域生態系の変動解析

沿岸域の生態系は人間活動の影響を強く受けている．特に大都市近郊では，そこで生活する人々の生活を支えるために，食料をはじめとした大量の物質が他の地域から運び込まれている．それを利用した後の排水は環境中に排出され，最終的には流域の最下流に位置する海に排出される．そして多くの都市近郊の内湾では富栄養化が深刻な問題となっている．富栄養化が過度に進行した状態では，健全な物質循環が損なわれる．顕著な例としては，植物プランクトンによる基礎生産が過剰になり，生成された有機物は高次の生物に摂取・利用されることなく海底へ沈降・堆積して有機汚泥（ヘドロ）となり，底層の貧酸素化を引き起こす（図2.3）．

たとえば，東京湾では，流域圏の人口増加や経済発展を受けて1950年代後半より赤潮や青潮などの水質汚濁が頻発し始め，1970年代前半には最も汚染された状態となった．陸域からの流入負荷に関しては，1970年に水質汚濁防止法が制定され規制が行われるようになり，1978年より有機物濃度の指標である化学的酸素要求量（COD: chemical oxygen demand）の負荷総量規制が導入されるようになると，河川からの流入負荷量は1970年代をピークとして削減されてきた．また，2001年に策定された第5次総量規制からは窒素，リンの総量規制も行わ

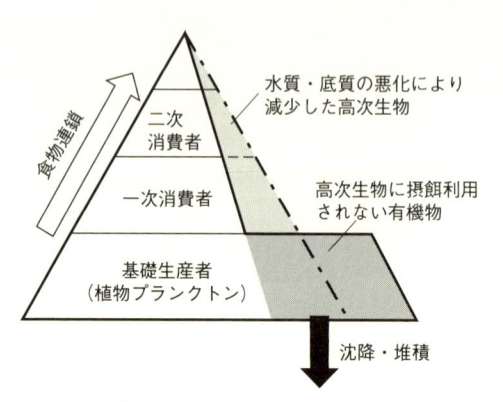

図 2.3 過度に富栄養化した海域における食物連鎖のピラミッドの模式図(中西, 2009を一部改変) 一点鎖線の三角形で表される健全な物質循環における生態系ピラミッドに対して,ひずんだ物質循環における生態系ピラミッドは太実線のようになる.

れ,水質は改善の兆しを見せている.しかし,こうした努力にもかかわらず,たとえば依然として貧酸素水塊が広域かつ長期にわたり観測されるなど,健全な生態系を取り戻すにはさらなる施策が必要であると考えられる.また最近では自然再生推進法(2003年施行)などに基づいて,干潟や藻場の造成など海域の環境再生政策が実施されるようになってきたが,一般に負荷削減や海域環境修復などの水質改善のプロセスは,水質悪化時のプロセスを必ずしも逆にたどるものではないと考えられている.

上記のような沿岸域の開発や環境施策の影響を定量的に評価するためには,物質循環モデルを用いた数値シミュレーションが適用される.ここでは,東京湾における種々の人間活動に伴う長期的な生態系の応答を数値モデルによるシミュレーションによって解析した事例(佐々木ほか, 2009)を紹介する.図2.4に,検討に用いた生態系モデルの概念図を示す.モデルは海水中の物質や生物の動態を記述する浮遊系モデルと海底の物質・生物の変動を記述する底生系モデルとから構成されている.浮遊系モデルにおいては,動・植物プランクトン,非生物有機物(溶存態,懸濁態),栄養塩(リン・窒素・ケイ素),溶存酸素を状態変数としている.また,底生系モデルでは,珪藻類,メイオベントス,マクロベントス,有機物,バクテリア,栄養塩類,硫化物を状態変数にするとともに,好気層の厚さを周囲の溶存酸素濃度などの化学的条件に応じて計算している.モデル中のパラ

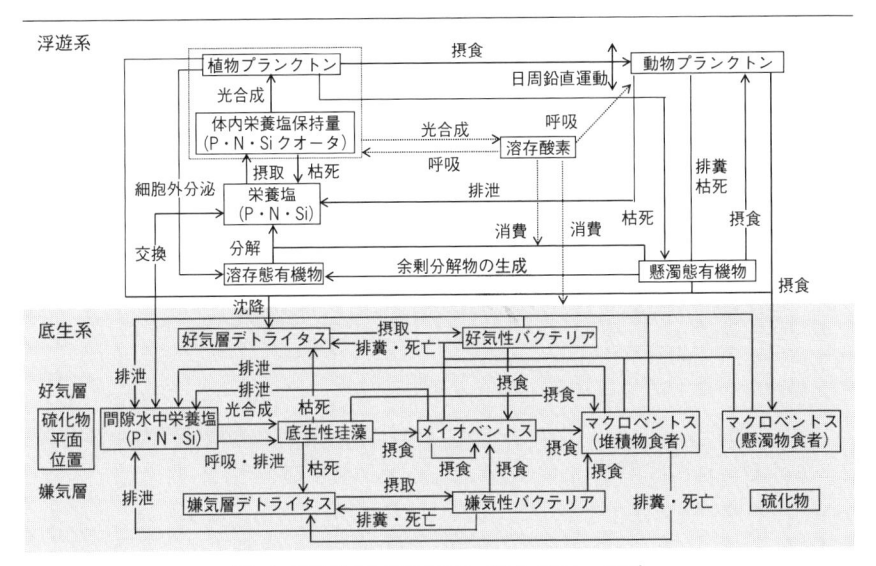

図 2.4 東京湾の生態系モデル（佐々木ほか，2009）
図中の四角で囲まれた変数は時間変化が計算される変数であり，矢印で示されているのは化学・生物過程のフラックスである．図中の矢印は各コンパートメント間の物質のやりとりの方向を表す．

メータは，公共用水域水質データなどの水質観測結果を用いて平均的な季節変動が再現されるようにチューニングした．

東京湾外部から影響を与える因子として河川から流入する負荷の変化，埋め立て，漁獲などの影響を考慮した．河川からの流入負荷量に関しては，既往の研究をもとにその変遷をとりまとめてその経年変化を計算の入力条件とした．干潟の水質浄化機能については，干潟域における懸濁物食性マクロベントスの海水ろ過能力，曝気による酸素供給，漁獲や鳥類の採餌による生物（貝類）の系外除去の影響を考慮した．さらに，底生系における栄養塩の挙動をモデル化して底泥からの溶出速度を計算した．具体的には底生系における間隙水中栄養塩を好気層と嫌気層で分け，底泥からの栄養塩溶出速度を温度と底層の溶存酸素濃度の関数とした．浮遊系と底生系の間では，海底への有機物の沈降や底泥からの栄養塩の溶出，ベントスの活動によって物質の交換が行われている．上記のような干潟の効果とその埋め立てによる減少の影響を組み込み，過去から現在までの東京湾生態系の変化を連続的に解析した．

図 2.5 は陸域からの負荷と湾内全体の平均濃度との関係である．1955 年から

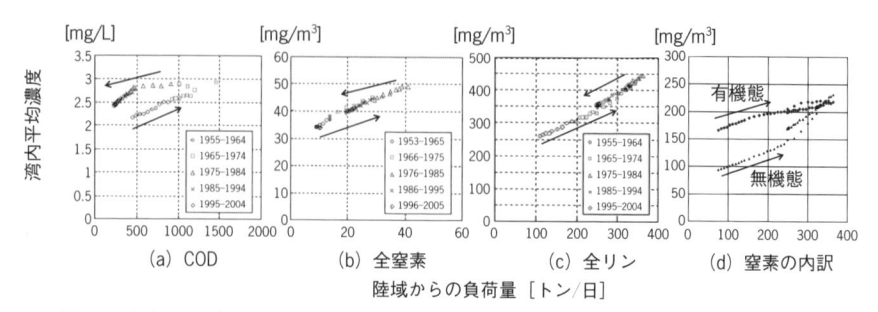

図 2.5 陸域からの負荷（横軸）と湾内全体の平均濃度（縦軸）との関係（佐々木ほか，2009）

1970年代前半までの流入負荷が増大するときには，湾内濃度は負荷量に対してほぼ線形に増加していることがわかる．ただし，全窒素を有機態窒素と無機態窒素に分けてプロットする（図の(d)）と全窒素の負荷量が250 t/日を超える頃から有機態窒素濃度は飽和していくのに対して無機態窒素の増加が加速していくのがわかる．これは栄養塩濃度の上昇によって，植物プランクトンの光合成速度が栄養塩濃度によって制限されなくなり，窒素が余るためである．一方，負荷量が減少に転じても湾内のCOD濃度は低下せず高い濃度を維持したままである（図の(a)）．これは依然として栄養塩濃度が高いために内部生産によるCOD濃度への寄与があったためだと考えられる．このように水質悪化時と改善時では生態系の変化は異なる道筋を辿っている．

図 2.6は1980～1984年および1995～1999年の平均的な湾内の物質循環である．1970年代前半に比べて1980年代，1990年代になると湾内の非生物有機物量は減少した．しかし，無機栄養塩の流入量は1980年代のピーク時よりは低下したものの1970年代と同程度であり，植物プランクトン量も1970年代と同レベルであった．東京湾内のCODにおける内部生産寄与率は年々上昇しており，東京湾の水質汚濁は1次汚濁型から2次汚濁型へと変化したことを示している．湾内のCOD濃度の低下の内訳を見るとほとんどが非生物有機物の減少によるものであり，総量規制によるCOD負荷量の削減は湾内の有機物濃度を減少させたことで効果があったといえる．しかし，内部生産による2次CODに対する効果は少なく，今後，COD濃度を低下させるためには内部生産を減少させる必要がある．そのためには湾内の栄養塩濃度を低下させることが効果的であり，下水処理における高度処理の導入促進や底泥からの栄養塩の溶出量の抑制が有効であるといえ

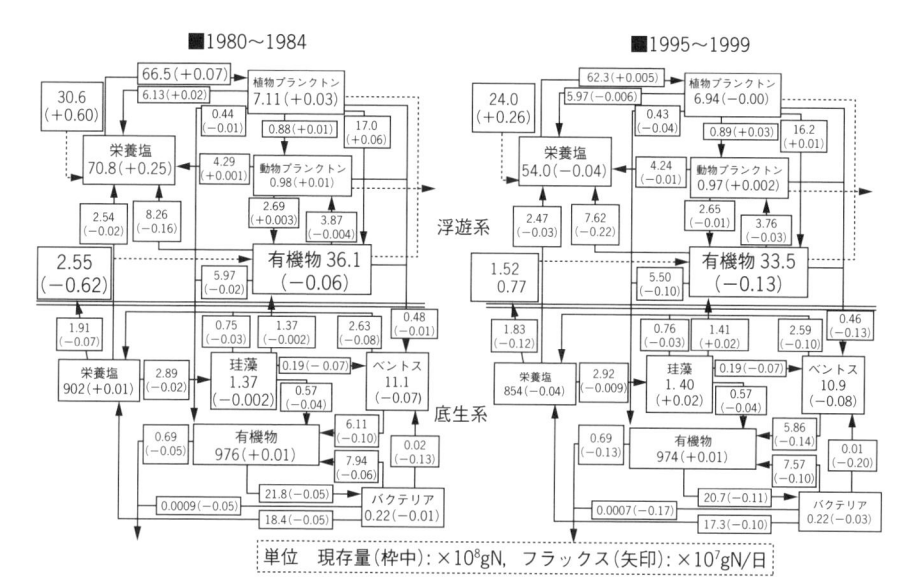

図 2.6 生態系モデルで計算された湾内の窒素循環（佐々木ほか，2009）
図中の四角枠内は各コンパートメントの存在量，矢印はコンパートメント間のフラックスでいずれも窒素換算である．存在量，フラックスともに（）内に1970年代前半の値を1とした場合の変化率（＋は増加，－は減少）を示してある．

る．

図2.7に，底生系の長期的な変化（好気層厚さ，硫化物，ベントス量の湾内平均値の経年変化）を示す．負荷量の増加は有機物の沈降量を増加させ底層を貧酸素の状態にした．その結果，好気層厚さは薄くなり，硫化物が増加，生物量が減少するなど底質環境の悪化を招いた．その後，負荷量が削減され湾内の水質が改善の傾向を示しても底層の貧酸素化は解消されず，底質環境は嫌気的状態のまま，減少した生物量も回復しなかった．そのため栄養塩溶出量は低下せず，またベントスが減少したことで海水中の懸濁物濃度が上昇し，COD濃度の上昇を促したものと考えられる．栄養塩の溶出量は間隙水中栄養塩濃度の影響を受けるが，間隙水中栄養塩濃度は海水中の栄養塩濃度のように流入負荷量に鋭敏には反応しておらず，底生系における複雑な化学的・生物的影響を受けるため時間の遅れも作用する．このようなことから，底質環境の改善には非常に長い時間が必要であると考えられる．

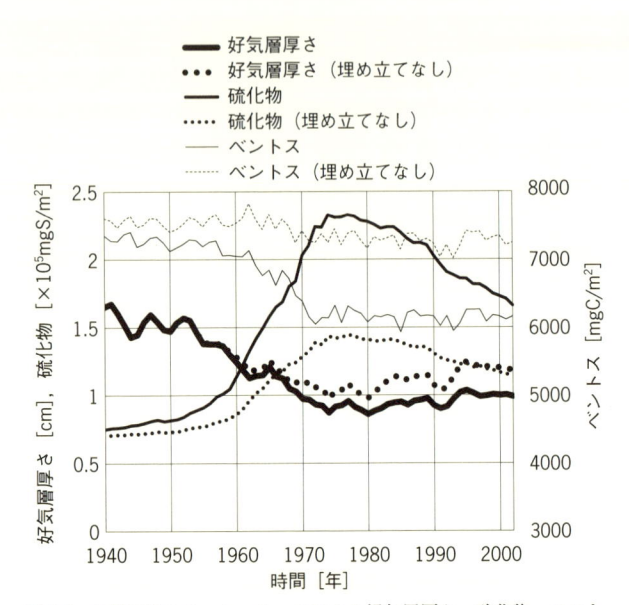

図 2.7 長期連続シミュレーションによる好気層厚さ，硫化物，ベントス量の湾内平均値の経年変化（佐々木ほか，2009）
点線は仮に埋め立てが行われなかったとした場合の変化を計算したもの．

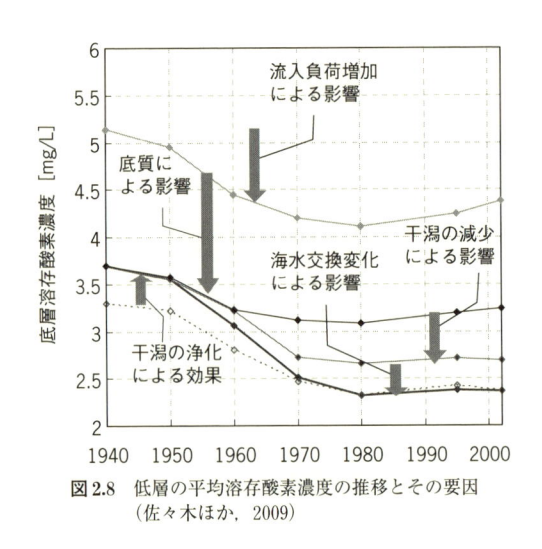

図 2.8 低層の平均溶存酸素濃度の推移とその要因
（佐々木ほか，2009）

埋め立ては湾内水質に大きな影響を及ぼしており，主要な影響として地形の変化による海水交換の変化と干潟の減少による浄化能力の低下が考えられる．これら2つの影響はともに海水中の懸濁物質を増加させることで水質に影響を与えている．図2.8は底層における溶存酸素濃度の推移とその要因である．太い実線が現状の値であり，1970年代，1980年代に貧酸素化が進行して以来，現在までほとんど改善されていない．1940年代からの変化を貧酸素化として考えると，底層の貧酸素化に対して流入負荷は15～20%，埋め立ては約16%の影響を与えていると推定された．流入負荷による影響は負荷量の削減の効果を受けて1980年代をピークとして，貧酸素化解消の方向に向かっているが，干潟・浅場の埋め立ての影響が依然として大きくその効果を相殺していることがわかる．

2.2.4 海洋利用技術と環境影響評価

海洋基本計画が策定され，持続可能社会実現のためのより積極的な海洋利用に関する検討が開始されているが，海洋利用の促進のためには生態系を含む環境影響の予測・評価が不可欠である．沿岸海域の利用についての環境影響予測・評価については，長い歴史と数多くの実績があり，前節に示したような詳細モデルを用いた検討がなされている．一方で，今後わが国がエネルギー，資源，食料，地球環境などの諸問題への対応として取り組むべき，比較的沖合の海洋利用に対する環境影響評価は，まだ途についたばかりといってもよいであろう．ここでは，自然エネルギー（潮流発電，洋上風力発電など），CO_2隔離（海中隔離，海底下地中隔離），海域肥沃化（深層水汲み上げ，人工湧昇流など），海底資源開発（メタンハイドレート，鉱物資源など）などの海洋利用技術およびそれらの環境影響評価手法の事例を紹介する．

a. 二酸化炭素隔離

二酸化炭素の海洋隔離は，CO_2を温度躍層より下の中深海に送り込み，海のCO_2吸収力を人為的に早める技術である．この技術に対する環境影響としては，中深海生物への影響が考えられ，数値計算を利用した検討がなされている（佐藤，2001）．中深海に生息する動物プランクトンや魚類などに対する個体レベルでのリスク評価として，CO_2曝露時の急性影響および慢性影響が，様々なCO_2濃度下における死亡率で評価されている．具体的にはまず，曝露実験の死亡率デ

ータから実験した種のうち最も耐性の低いカイアシ類の無影響濃度を算出し、さらに魚類やベントスも含めたデータから深海生物種全体の予測無影響濃度が求められている。一方で、Moving Ship 法（船が移動しながらCO_2を海中に放出する方法）によって放出されたCO_2の海洋中での挙動を解析する数値モデルも開発されており、いくつかの隔離シナリオでシミュレーションが行われ、放出域の極近傍スケールから全球スケールまでのCO_2の移流拡散予測が行われている。

また、より海洋環境への影響が小さい方法として、海底下地中隔離も検討されている。この技術に関しては、漏洩時の生態リスク評価のための数値シミュレーションが行われている。海底下帯水層に貯留されたCO_2が地震などによって生じた亀裂から漏洩した場合のシナリオを想定しCO_2の液滴が海流中を上昇しながら溶解する現象、および溶解したCO_2の移流拡散を解くことによってCO_2の分圧の変化を予測している（Kano et al., 2009）。

b. 海域肥沃化技術

漁場造成を目的とした海底構造物による人工湧昇流や、栄養塩の豊富な海洋深層水を表層に放流する技術の実証実験が行われている。

沖合で深層水を汲み上げて表層に放流する海洋肥沃化装置としては、「拓海」の実証実験が相模湾において実施された。この装置の特徴は汲み上げた深層水と表層水を混合して適当な密度の放流水を生成することによって栄養塩濃度の高い海水を長時間有光層に滞留させることである。実海域の密度成層下での放流水の挙動は非常に複雑となるため、数値シミュレーションによる密度流の精度よい予測が必要である。そこで、実験水槽での模型実験に基づいて成層条件下の放流水の挙動を解析するための数値計算が行われている（板東ほか、2005）。

より水深の小さい海域では、海底に人工マウンドなどの構造物を設置することによって、栄養塩濃度が高い底層水を表層に持ち上げ、海域の生産性を上げる人工湧昇流技術が適用されている。この技術のメリットは、一度構造物を設置すればほとんどメンテナンスが不要（つまりエネルギーやコストがかからない）ことである。すでにいくつかの海域で実証実験が行われており、漁場造成効果についての報告もなされている（伊藤・寺島、2004）。また、この技術によって海域のCO_2吸収効果による検討もなされている（吉本・多部田、2007）。

たとえば、図 2.9 は人工湧昇流による物質循環への影響を調べるための生態系

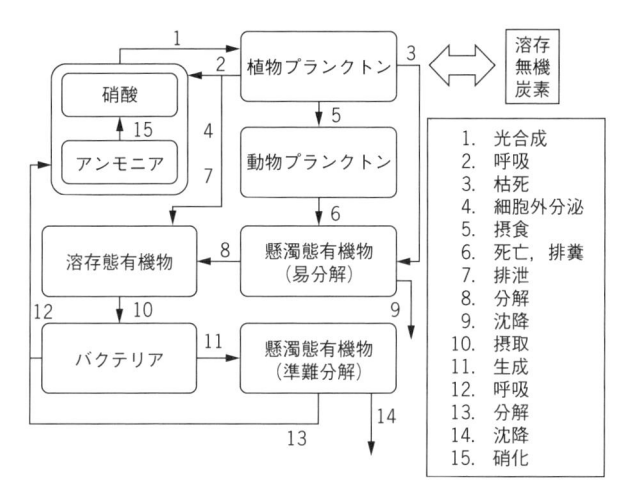

図 2.9　人工湧昇流による物質循環への影響を調べるための
生態系モデル（吉本・多部田，2007）

モデルである．一般的な外洋域の低次生態系の窒素循環モデルをベースに，実験にもとづいた詳細な有機物の分解過程のモデルを組み込んである．つまり，炭素固定に重要な役割を果たす準難分解性有機物やその生成に寄与するバクテリア，さらには大気とのCO_2のやりとりを計算するために必要な溶存無機炭素を独立したコンパートメントとして扱っている．また，各コンパートメントの炭素/窒素比（C/N 比）を考慮することにより，窒素と炭素両方の循環を計算している．図 2.10 は計算された二酸化炭素吸収量および懸濁態有機物の C/N 比の鉛直分布の時間変化である．まず易分解性有機物の挙動に支配される物質循環により大気-海洋間の炭素収支が調整され，その後準難分解性有機物の挙動に支配される物質循環により，ゆっくりとした速度で大気中の炭素が海中へと取り込まれていく．計算開始後 100 日前後にかけて前者の物質循環がほぼ定常に達していったん水柱全体が易分解性有機物の C/N 比に近い値に落ち着くが，その後 C/N 比がより高い準難分解性有機物の生成に伴って底層から徐々にさらに高 C/N 比の領域が増えている様子が示されており，短期・長期の炭素収支がそれぞれ分解速度の異なる有機物の挙動に影響されていることがわかる．

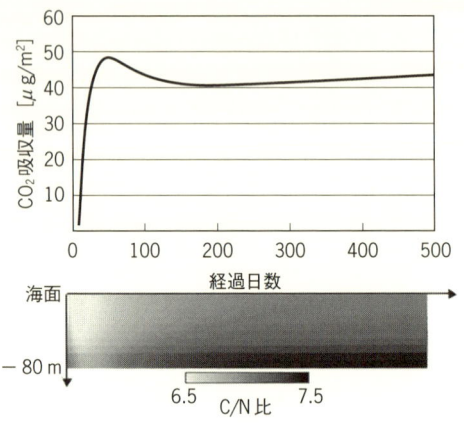

図2.10 二酸化炭素吸収量(上図)および懸濁態有機物の炭素/窒素比の鉛直分布(下図)の時間変化(吉本・多部田, 2007)

c. 海底資源開発

海底資源の開発としては,メタンハイドレートや熱水鉱床に関する研究が進められている.メタンハイドレート開発による環境影響としては地盤の変形などの直接的な影響のほかに,開発時のメタンガスの漏洩による生態系への影響が懸念されている.この影響を検討するために,漏洩メタンの挙動モデルが開発されている(鋤崎ほか,2008).このモデルは海水中でのメタンの拡散をシミュレーションするモデルと,海底から漏洩したメタンの堆積物近傍での収支をシミュレーションするモデルによって構成されている.また,メタン環境下での化学合成生態系モデルの開発も行われている(Yamazaki et al., 2008).

チムニーやマウンドから形成される熱水鉱床近傍は,特殊な生態系を有することが知られており,海底地形も複雑である場合が多いと想定される.開発時には,採鉱に伴って土砂や鉱床の微細粉末などが周辺海域に散乱する可能性があり,これらが地形による複雑な流れによって拡散・堆積し,周辺の生物環境に影響を及ぼすことも懸念されるため,これらの物理現象および生態系へのインパクトを評価できる環境影響予測手法の開発が必要であると考えられている.

d. その他

洋上風力発電などの自然エネルギー利用のためのプラント設置による環境影響

2.2 海洋環境

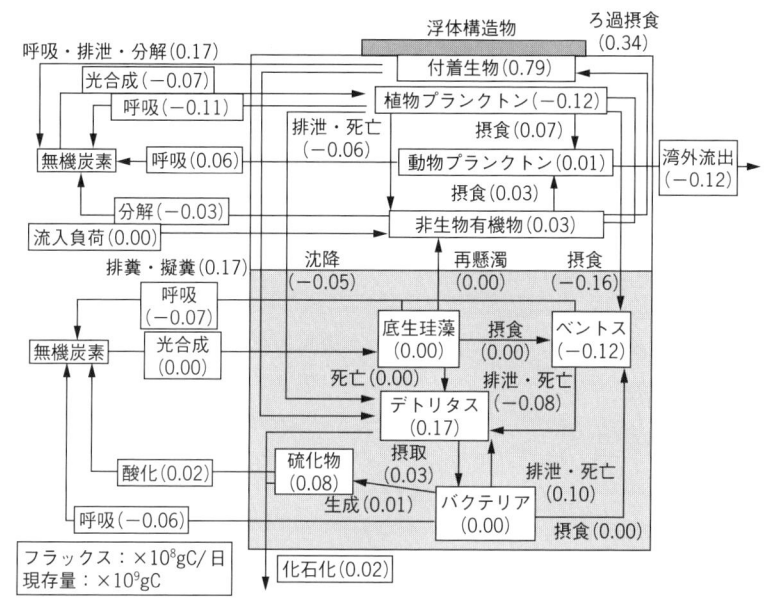

図2.11 東京湾内に超大型浮体構造物を設置した場合の湾全域の炭素循環への影響
(北澤ほか, 2002)
浮体設置後の計算結果と浮体設置前の計算結果の差分を示している.

は, 沿岸域の場合には従来の沿岸海域開発の環境アセスメントとほぼ同様の考え方で対応できると考えられる. たとえば大型海洋構造物に対する環境影響は, メガフロート実証実験時に観測や実験にもとづいたシミュレーションによる検討が行われており, 構造物の付着生物による影響が重要であることがわかっている (北澤ほか, 2002). たとえば図2.11は, 東京湾内に超大型浮体構造物を設置した場合の湾全域の炭素循環への影響を示したものである. 浮体構造物上の付着生物によって有機物が取り込まれ, その約半分が死骸などになって海底に落ち, 残りは呼吸などによって無機物として海水中に放出されている. 浮体構造物は, もし構造物が存在しなければ湾の外に出ていく有機物の一部を湾内にとどめていることがわかる.

次に, 上記のような海洋利用技術の環境影響評価をする際に鍵となると考えられる数値計算手法を整理しておく. まず, 物理現象を再現するためのモデリング技術としては, マルチスケール解析, 密度プリュームや2相流の計算, 拡散係数

などのパラメータの設定，などが重要であると考えられる．

　海洋利用技術の環境影響を評価するためには影響が及ぶであろう時空間スケールの解析が必要であるから，対象領域全体に対してあまり細かい計算格子を用いることは実用的でない．一方，人為的な開発行為による影響や地形の影響を精度よく表現するためには高解像度の計算が必要である．前節で紹介した例のいくつかもネスティング（解像度の異なる計算領域を入れ子状に接続すること）などの手法を用いてマルチスケールの解析を行っているが，双方向ネスティングにおける安定で精度のよい接続方法の開発，MPUなどに対応した高速化などが課題であろう．また，沿岸とは異なり開放的な海域が計算領域となる場合がほとんどであるので，境界条件の設定やそのデータの取得も重要な課題である．また，海底付近の現象と関連して，気泡や低密度水のプリュームの挙動の解析が重要な課題となっている．この問題に対し，解析的なモデルのほかに，Eulerian-Lagrangianスキームなどによる2相流の数値計算手法が開発されているが，実海域の複雑な条件下でのシミュレーションを行うためにさらなる検討が必要であると考えられる．海洋シミュレーションを実施する際に拡散係数などのパラメータの設定は常に問題である．特に深海は観測データが非常に少なく知見が非常に限られている一方で，CO_2の海洋隔離や海洋滋養などの効果や環境影響を評価する際には拡散係数が重要なパラメータとなる．限られたデータから合理的にこれらのパラメータを推定する手法の開発が必要である．

　海洋生物や生態系への影響評価のためのシミュレーション技術に関しては，炭素循環，深海生態系モデル，リスク評価，などが重要であると考えられる．海洋生態系を利用してCO_2を吸収させようとする技術の評価には炭素や窒素の循環・収支を評価するモデルが必要である．特に人工湧昇流や海洋滋養（施肥）のように表層での有機物生産力を高め，生物ポンプによって炭素を中深層に隔離することによる効果を評価する際には，有機物の沈降・分解過程が重要である．また，窒素固定機能を有するシアノバクテリアによる海洋の有機物ストックの変動や円石藻類の増加と気候変動の関係などが近年注目されており，これらのモデルの開発も重要であろう．また肥沃化技術による食料やバイオマスエネルギーの供給という観点からは，魚類や海藻類が対象となるので，これらを考慮するための生物モデルの開発が必要である．海底資源開発の環境影響評価のための中深海生態系モデルは開発の途についたばかりであり，餌の供給源である光合成生態系や

物理場との関連をはじめとした検討が必要であろう．また，沖合に設置されたプラットフォームに対する環境影響評価手法の開発も必要である．さらに，本質的に非定常性，不確実性を有している生態系の評価を行うためには，適切なリスク評価が重要であり，そのための情報を提供するという観点からのモデル開発も求められる．　　　　　　　　　　　　　　　　　　　　　　　　　　　[多部田　茂]

2.3　地　圏　環　境

2.3.1　地圏環境を研究することの意義

　ここでは，地圏環境について考えていくことにする．「地圏」とは聞きなれない言葉かもしれないので，まずは，地圏が何を指すかを明らかにすることから始めよう．われわれが住む地球を1つのシステムとして考える場合，その複雑な仕組みを理解するために個々の構成要素としてのサブシステムを定義し，その内部での変化やサブシステム間の相互作用について検討することになる．地球におけるサブシステムのとらえ方は様々であるが，しばしば用いられるものは，大気圏・水圏・生物圏・地圏・人間圏，というものであろう（図2.12）．このような取り扱いにおいては，地圏を地球の固体部分からなる領域と位置づけることもできる．一方，人間活動との関連で地圏環境を議論する場合には，われわれの活動

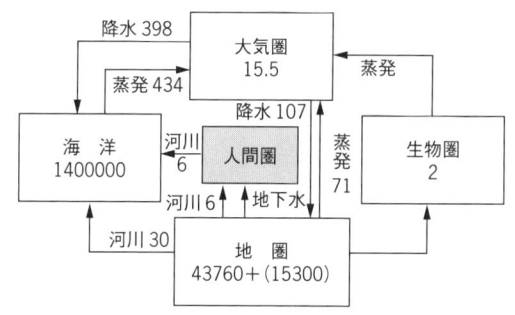

図2.12　地球システムにおける水循環（鳥海ほか，1998を改変）
地圏の（　）内の数値は地下水のもの．ストック（各圏に滞留している量）の単位は，$\times 10^{15}$ kg．フロー（各圏の間の移動量）の単位は，$\times 10^{15}$ kg/年．

と密接に関連する地殻の表層部分を対象にすると都合がよい．このような観点から，ここでは，地圏を「人間が主に活動する領域としての地表および地下」ととらえることとする．この場合，地圏を構成する物質は固体のみではなく，固体粒子の間に存在する水・ガスといった流体も含めて考えていくことになる．特に，のちに述べるように，地圏内を移動することのできる地下水は，地圏環境を考える上で重要な要素となっている．

人間社会は，地圏から様々な恩恵を受けている．現在のわれわれの生活にとって不可欠なエネルギー資源である化石燃料（石油・天然ガス・石炭）や金属・非金属資源のほとんどすべては地下から採取され，利用されている（図2.13・左上，右上）．また，地球は水の惑星とも呼ばれるが，地球上に存在する水のうち，液体として存在する淡水の大部分は地下水として地圏に賦存している（図2.13・

図2.13 人間社会の地圏利用の例
左上：エネルギー資源の生産（千葉県）．右上：旧金山の露天掘り跡（サウスダコタ州，米国）．
左下：開放井戸からの地下水のくみ上げ（カンボジア）．右下：LPG地下備蓄基地の空洞（愛媛県）．

左下).さらに,最近の人間の活動域の広がりに伴い,地下空間利用も進んできている.地下鉄や地下街といった,われわれが直接利用する空間がその代表であるが,それ以外にも,地下の特性を生かした地圏利用が行われたり,検討されたりしている.たとえば,石油や液化石油ガス (LPG) といったエネルギー資源の岩盤内空間への備蓄(図2.13・右下),原子力発電所の使用済み燃料を再処理したのちに発生する高レベル放射性廃棄物に代表される放射性廃棄物の地層処分,二酸化炭素の地中貯留などがその例である.

　一方,このような地圏利用の結果として,われわれは様々な問題を発生させてきている.よく知られた例は,地下水・地下資源の開発に伴う地盤沈下であろう.地盤沈下は環境基本法により典型七公害の1つとして認定されており,都市域に限らず様々な地域で発生している.東京都東部の低地では,第2次世界大戦後の高度経済成長期に大量の地下水利用を行うとともに,地下に存在する水溶性天然ガスの生産を行ったために,最大で4mを超える地盤沈下を発生させ,低地の中央部に,標高が海抜ゼロメートル以下のいわゆる「ゼロメートル地帯」を発生させている(たとえば徳永,2010による整理を参照のこと).この問題に対して,国内では様々な対策が講じられてきているが,いまだ完全な解決を見ているわけではない.開発途上国においても,都市域の発展に伴い,地盤沈下は深刻な問題となってきている.特に,日本と同様に沿岸域の比較的新しい地盤の上に都市が形成されているバンコク(タイ)やマニラ(フィリピン)などでは,大規模な地盤沈下が発生している.また,ここでは取り上げないが,地表開発の進展に伴い,地盤沈下以外にも様々な災害が発生していることはよく知られているところである.このように地圏の利用・開発においては,常に災害の問題がつきまとうことになる.特に,われわれの活動に応じて災害の発生様式や規模が変化していくことが多く,また,開発の結果として現れる環境変化も予測と違ってくることが少なくない.これは,われわれが地圏というサブシステム内で起こっている現象および,地圏と人間圏の相互作用として発生する現象を十分に理解できていないことに起因するものと考えられる.すなわち,地圏環境は,主に自然のプロセスによって絶えず変化しており,また,その過程はきわめて複雑であるため,われわれはその理解のために日々努力をしているものの,いまだ十分な理解には至っていないということであろう.さらに,「人間圏」というサブシステムが定義できることからもわかるように,現代では,人間活動そのものが地圏環境とそ

の変遷に影響を与えるようになっており，問題をさらに複雑にしている．

以上のような概括的な整理に基づき，以下では，さらに地圏環境について検討を行っていく．

2.3.2 地圏環境を構成する要素

われわれの足元を構成する地圏は，主に鉱物から構成される固相と，多様な溶存物質を様々な割合で含む地下水を主とする液相，それから様々な成分のガスによって構成される気相からなる．地下深部（といっても数千m程度）には，化石燃料として重要な石油・天然ガスといった流体も存在する．

このように，様々な物質の混合体として構成される地圏は，その形成過程にもとづいて分類されることがある．堆積岩（物）・火成岩・変成岩という分類がそれに当たる．一方，地圏における物質挙動や地圏のふるまいを考える場合には，その形成過程に加え，結果としての特性にもとづく分類をすることが適切である場合が多い．このような分類として一般的なものは，地盤（土）・岩盤，という分け方であろう．このうち地盤は，固体部分が未固結の土からなるものを指し，岩盤は，固体部分が固結した岩石からなるものを指す．地盤と岩盤との違いをあげると様々であるが，地圏環境を考えるという立場からは，力学的挙動・地下流体挙動の違いという観点が重要であろう．すなわち，岩盤の力学的挙動・地下流体挙動を支配する原因は，主に岩盤中に存在する亀裂（断層，節理など）であるのに対し，地盤では，亀裂などの影響を受けることは少なく，地盤構成物質の特性（土質）によってその挙動を評価することが可能であることが多い．そのため，岩盤を対象とする場合には，構成する岩石の特性に加え，岩盤中に存在する種々の亀裂の性質，さらにはそれら亀裂の3次元的な分布とその連続性に関する検討が必要とされる．一方，地盤を対象とする場合には，地盤の土質とその空間分布の把握が重要となってくる．

岩盤と地盤の中間的な性質を持つものも地圏には存在しており，これは軟岩といわれる．軟岩は，地盤よりは強度がありながら，岩盤のように挙動が亀裂系に支配されていないので，工学的には取り扱いやすい場合も多い．特に，軟岩のなかでも流体を通しにくい特性を持つ泥岩は，高レベル放射性廃棄物処分のように長期にわたって地下に物質を貯蔵・処分する場合には重要なターゲットの1つとなっている．また，石油・天然ガスの貯留能力や二酸化炭素地中貯留の長期安定

性検討を行う上でも重要な検討対象となっている．

　地盤・岩盤という区別に加え，地表近傍の詳細な議論を行うに当たっては，土壌も考慮することが必要となる．土壌は，地圏の最浅部である地表付近に分布するものであり，人間活動ときわめて密接な関連を持つ部分である．土壌は，主に無機物である鉱物，火山ガラスなどの非晶質物質，生物由来の有機物からなる固相と，その隙間に分布する水（液相）と空気（気相）から構成されている．土壌の存在は，われわれの農業活動を可能にしており，文明の存続・崩壊を支配する要因の1つとして土壌の保全をあげる研究者もいるほどである（たとえばダイヤモンド，2005）．土壌に関しては，それだけで1つの学問分野が構築されるほど研究が進んでおり，多くの成書が公表されているので，興味のある方はそれらを参照されたい．

2.3.3　地圏の環境条件をコントロールする水

　それでは，固体・流体の混合体からなる地圏の環境条件はどのようにコントロールされているのであろうか．人間社会が直接地圏に働きかける時間スケールを念頭に置くと，地圏を構成する物質のうち，固相部分はほとんど移動しないものと考えてよいであろう．確かに，地震による岩盤の変位や地表の侵食，地すべり，土石流といった物質移動もわれわれの興味の対象であるが，地圏の全体を考慮する場合には，固相部分はほとんど移動しないものと単純化することができるであろう．そのような状況においても，地圏構成要素の一部である流体は地圏内を移動することができる．特に，地下水面よりも深い部分においては，地下水が岩石の固相部分の間に存在する隙間（これを間隙と呼ぶ）を満たしており，非常にゆっくりとではあるが移動している．

　ここでは，特に陸域に着目し，地圏内を移動する水がどのようにふるまうかを考えてみる．陸域の地下水は，多くの場合，降水が浸透することによって涵養される．降水の浸透過程では，水はまず地圏表層部に分布する土壌中を移動する．土壌を移動する途中には，土壌を構成する物質と水との接触・反応により様々な成分が水中に溶解していく．一方，土壌中の有機物は，浸透する水に溶存している酸素を利用することにより酸化・分解され，二酸化炭素と水になる．この結果，浸透する水のなかに溶存していた酸素は消費されることとなる．また，土壌中で発生する二酸化炭素が水中に溶解することにより，水のpHが低下する．

pHの低下した水は，さらに浸透していく過程で土壌中の鉱物などと反応し，溶存物質を増加させていく．このようにして，地下への浸透初期における地下水の水質が形成されることになる．また，このような浸透過程，さらには後述する地下水の流動過程において溶存酸素などが消費されるため，地下水は流動に伴い，しだいに還元的な性質を示すようになる．このような地下水が地圏内を移動するため，地圏の多くの領域は還元的な環境となっていることが知られている．

地下水面よりも下位に存在する水の流動に関しては，ダルシーの法則に従うとされている．この法則は，フランスの技術者であったアンリ・ダルシー（Henry Darcy, 1803-1858）によって1856年に提唱されたものであり，その後現在まで，地圏内の多くの条件においてこの法則が成り立つとされ，研究が進められている．この法則は，「地圏構成物質の単位面積当たりの流量（ダルシー流束と呼ぶ）は動水勾配に比例する」という関係であり，以下のように書くことが多い．

$$q = -K \frac{\partial h}{\partial l}$$

ここに q：ダルシー流束，K：透水係数，h：全水頭，l：流れ方向，であり，動水勾配は $\partial h/\partial l$ である．全水頭とは，単位重量当たりの水が持つポテンシャルを示すものである（詳細は，たとえば徳永，2003を参照のこと）．透水係数は，地圏構成物質の水の通しやすさを表す指標であり，その値は，地圏を構成する物質によって13桁もしくはそれ以上の変動を示す．このことが，地圏における地下流体の挙動を複雑にしており，また，この特性を積極的に利用することにより，多くの地下水・地下流体を安定して産出することを可能にしたり，きわめて長い期間にわたって地下に物質を貯留・隔離したりすることが可能となるのである．

地下水の移動は，水だけでなく，水に溶存する物質の移動も伴うことになる．地下水の移動に伴う物質移行は，しばしば，移流・水力学的分散・拡散という3つの現象として記述される．このうち，拡散は溶存物質の濃度勾配に応じて物質が移動する過程であり，そのフラックスはフィック（Fick）の法則によって記述される．1次元問題を考える場合，フィックの法則は以下のように記述される．

$$q_c = -D \frac{\partial C}{\partial x}$$

ここに，q_c：溶質の拡散フラックス，D：地圏構成物質の有効拡散係数，C：溶質の濃度，である．拡散は，地下水が移動していなくても，濃度勾配が存在する

環境下では発生する現象である．一方，移流は，地下水の移動に伴って溶存物質が移動する過程であり，このフラックスは，地下水のダルシー流束に溶存物質の濃度をかけ合わせたものとなる．ここで気をつけておかなければならないのは，地下水の流速とダルシー流束の違いである．上に述べたように，ダルシーの法則で記述されているのは，単位面積当たりの地下水の流量である．一方，地下水の平均的な流速は，均質等方材料の場合，ダルシー流束と間隙率（地盤・岩盤を構成する物質の全体積に対する流体相部分の体積の比）を用いて，

$$v = \frac{q}{\phi}$$

と表される．ここに，v：地下水の平均的な流速（平均実流速と呼ばれる），ϕ：間隙率，である．間隙率は1よりも小さな値をとることから，地下水の平均的な流速はダルシー流束よりも大きくなる．移流は地下水の流れに伴う物質移動であるから，その速度は地下水の平均実流速と同じとなり，ダルシー流束で得られる値よりも大きくなるのである．実は，地下水に関する研究者であっても，この違いを混同することがままある．その例として，米国マサチューセッツ州ウォバーンにおける地下水汚染問題があり，その詳細はハー（2000）に詳しく書かれているので，興味のある方はぜひ参照されたい．

　実際の地圏内の地下水流動は，間隙の構造に起因してきわめて複雑であると考えられている．たとえば，長さが同じで太さの違う2つの管の両側に同じ圧力差を発生させた場合を考える．そのなかを流れる水の流速は，管の太さに応じて変わってくる（これはハーゲン-ポアゼイユ（Hagen-Poiseuille）流れと呼ばれる問題である）．また，管の内部においても流速に分布が発生する．地圏を構成する物質中の間隙は，様々な形状・太さを有するものが複雑に連結しあっていると考えられるので，内部の流速分布も様々となる．このことから，地下水が流動することによる溶存物質の移動速度も様々となり，溶存物質の濃度分布もその結果として広がりを示すことになる．この現象を水力学的分散と呼んでいる（図2.14）．水力学的分散はフィックの法則と同様な形の式で記述され，その比例定数を分散係数と呼ぶ．分散係数は，一般には平均実流速に比例すると考えられている．

　これらのことから，地下水が流動している場においては，主に移流と水力学的分散による溶存物質の移動が起こり，地下水の流動がきわめて小さい場においては，溶存物質の移動は拡散が主となる．

地圏内では，主に鉱物からなる固相と水との反応も起こる．その結果，地下水は，地圏を構成する物質の違いを反映した水質を示すようになり，地域ごとにその成分が変化することになる．また，地圏内に地下水が滞留する期間によっても，溶存する物質の量が変化する．地下水を原水に用いているミネラルウォーターの味がそれぞれ違うと感じるのは，その溶存成分の量や比の違いからくるものと思われるが，それは多くの場合，地圏内での岩石と水との反応の結果，違った水質の水が形成されるということによるものである．

以上のように，地圏環境内を移動する水は，地圏環境をコントロールするとともに，その移動に伴って，地圏内物質である固相と反応することにより，水質が形成されていくことになる．

2.3.4 大気・海洋環境と地圏環境のかかわり

地圏環境をコントロールする地下水は，多くの場合，地球上の水循環の一部を構成するものと考えられる（図 2.14）．すなわち，主に海域で蒸発した水が水蒸気として大気中を移動し，その一部は陸上まで到達して雨や雪といった降水とな

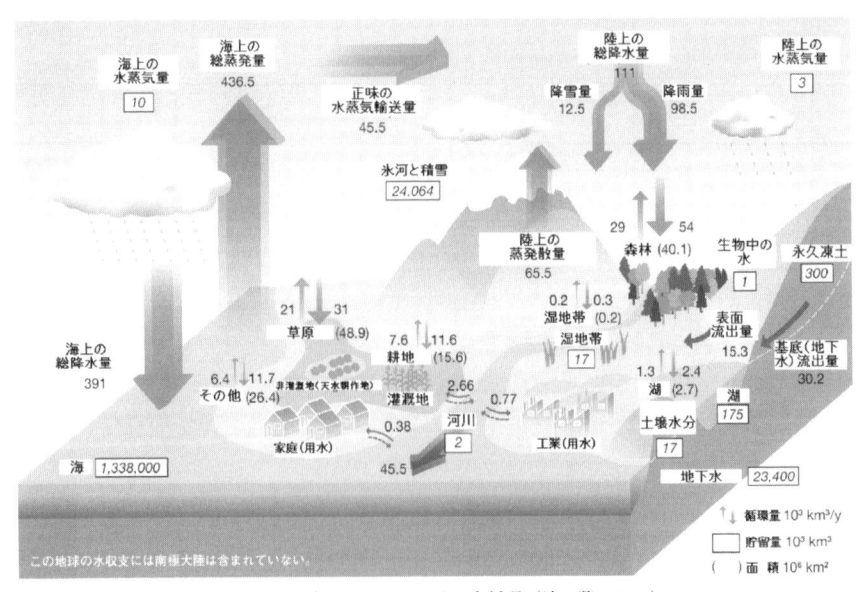

図 2.14　地球システムにおける水循環（沖・鼎，2007）

2.3 地圏環境

る．降水の一部は地表近傍で蒸発してまた大気中に戻っていくが，それ以外は，地表を流れ海域に戻っていくか，地下に浸透し，地下水となってゆっくりと移動していくことになる．地下水は主に重力によって流動し，湧水（泉）として地表に現れ，河川水とともに流下したり，直接海底から湧出し，海域に戻っていく．

一方，人間社会で一般に考える時間スケールからは，上述のように循環する地下水とは違い，地下に停滞しているように思われる地下水も存在する．その代表的な例は，サハラ砂漠の地下に存在する地下水である．サハラ砂漠，特にエジプト，リビア，スーダン，チャドにかけては，ヌビア帯水層と呼ばれる地層が分布しており，地下水を胚胎している．この地下水は，現在のサハラ砂漠地域が湿潤な環境であった過去に，大西洋から東に向かって吹いていた卓越風に伴って供給された水蒸気が降水としてもたらされて地下水となったものが，きわめてゆっくりと移動しつつ現在も存在しているものとされている (Sultan et al., 1997)．現在のサハラ砂漠の地表環境が極端に乾燥していることを考慮すると，このような地下水は，人間社会の時間スケールからは循環しているとはとらえにくく，非再生可能な資源である石油・天然ガスと同様に，使えばなくなってしまう資源として考えることが必要である．

さて，さきに述べたように，地下水は，降水が土壌中を浸透していった結果として形成されたものである．そのため，地下水中に，大気環境の変化に関する情報が保存されている場合がある．そのよい例は，地下水の年代指標にみることができる．地圏内部の地下水挙動はきわめて複雑であるが，地下水の混合による影響が十分に小さいと考えられる条件においては，地下水が涵養されてからの時間を溶存物質を用いて推定することができる．これを地下水の年代指標と呼ぶ．比較的新しい地下水を対象とした年代指標としては，トリチウム，フロン（クロロフルオロカーボン，CFCs），六フッ化硫黄（SF_6）などが用いられている．トリチウムは放射性核種であり，その濃度が時間とともに減少していくことから，降水中のトリチウム濃度がわかっていれば，現在の地下水中のトリチウム濃度を計測することにより，地下水が涵養されてからの時間を知ることができる．ところで，大気中のトリチウム濃度は，第2次世界大戦後の大気中での核実験の結果，短い期間ではあるが，急激にその値が上昇している（図2.15(a)）．そのため，大気中のトリチウム濃度が一定であるという前提を置くことができない．一方で，急激な濃度増加というシグナルを利用することにより，トリチウムを用いた年代

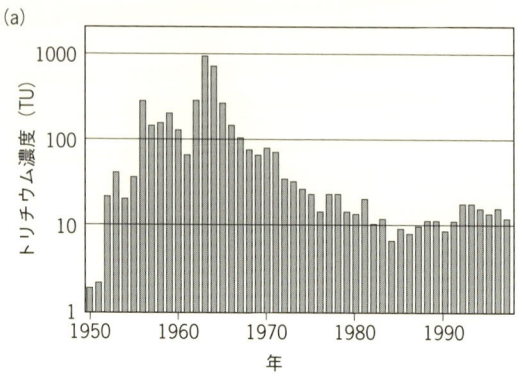

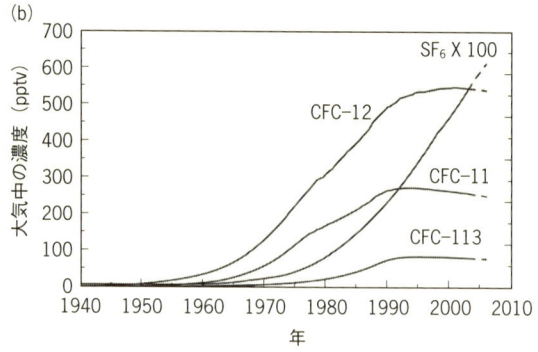

図 2.15 (a) 東京およびつくばにおける降水の年間平均トリチウム濃度変化（今泉ほか，2000 を一部改変）と (b) 北半球の大気中におけるフロン（CFC-11, CFC-12, CFC-113）および六フッ化硫黄（SF_6）の濃度推移（Busenberg and Plummer, 2006 を一部改変）

測定では，大気中のトリチウム濃度がピークを示した時期より新しいか古いかということを議論するために用いられることが多い．

フロンは人工的に開発された化学物質であり，その大気中の濃度は，都市域のような高濃度フロン発生源近傍を除くと，かなりよくわかっている（図 2.15 (b)）．その濃度は，モントリオール議定書が採択（1987 年）・発効（1989 年）され，フロンの環境中への排出抑制が効果を示すまで，単調増加をしている．大気中に存在する雨滴中のフロン濃度は，大気中のフロン濃度と平衡になるため，時間とともに変化してきており，その情報を用いることにより，地下水が涵養され

てからの時間を知ることができる．六フッ化硫黄は，自然現象によっても大気中に放出されているが，近年では人工的な排出量がきわめて多くなってきているため，フロン濃度が大気中でほとんど変化しなくなったあとも単調増加を続けている．そのため，フロンを用いるのと同様な考え方にもとづき，地下水中の六フッ化硫黄濃度を計測することにより，近年に涵養された地下水の涵養年代を推定することができる．

地下水中の溶存物質を用いたアプローチのほかにも，地下温度の深度方向への変化を用いることにより，地表環境の変化を推定しようという研究も行われている．地下の温度は，地球の内部から放出される熱によって，深部に向かって温度が高くなっていく．地圏構成物質が均質で地下水の流れによる影響を考慮しなくてよい場合には，地表面温度がほぼ一定である条件では，地下増温率はほぼ一定となる．しかし，地表面温度が時間とともに変化していく場合，その影響を受けて地下の温度構造に乱れが生じる．このような特徴に着目することにより，最近では，都市化に伴う大気温度上昇や長期の気候変動に関して，地下温度情報からの推定を試みることがなされている（図2.16）．

これらのことは，条件によっては，地圏に大気環境の変遷に関する情報が保存されているということであり，大気環境・地圏環境に関する研究者らの交流から，興味深い研究分野が現れる可能性が期待される．

沿岸域における地下水と海水との関係も興味深い．地圏を研究する立場から地

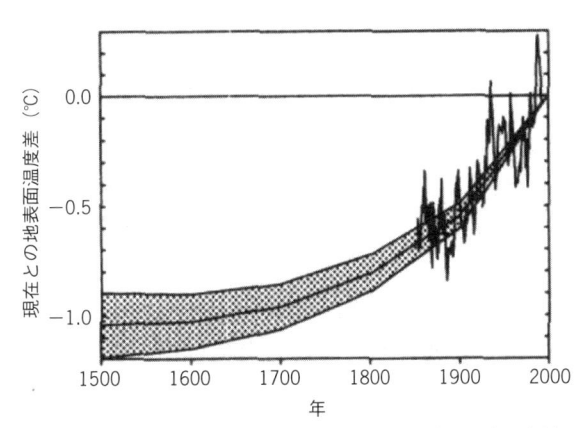

図2.16 地下の温度情報から推定された過去の地表面温度の変遷
（Pollack et al., 1998）

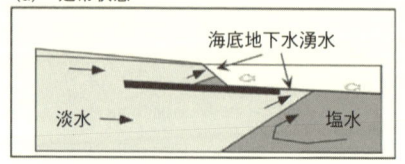

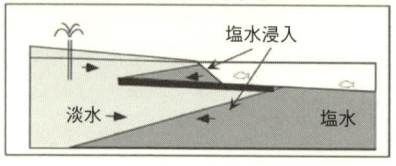

図 2.17　沿岸域における地下水と海水との関係（Ge et al., 2002）
(a) 定常状態における海底地下水湧出現象，(b) 人間活動に伴う非定常状態の発生に伴う塩水浸入，(c) 約 10 万年周期の海面変動に伴う非定常状態．沿岸海底下に汽水もしくは淡水が存在することに注意．

下水と海水の関係が最初に議論されたのは，沿岸域での地下水揚水に伴う地下水の塩水化であろう（図 2.17(b)）．揚水に伴う地下水の塩水化は，19 世紀の終わりぐらいから問題になっている．これは，沿岸域において淡水の地下水を揚水して人間活動に供することにより，海水が帯水層へ浸入し，揚水をしている井戸にまで到達するという問題である．一方，水循環・物質循環の立場からは，淡水地下水の沿岸海底下からの直接湧出（図 2.17(a)）に関して，1990 年代半ば頃から精力的に研究が行われてきている．陸域から海域への物質供給は，河川を通した溶存物質と固相の移動および大気中を通した移動が主要なものであると考えられてきていた．一方，地下水は，地圏を移動する過程で固相との反応が進行するために，地下水中の溶存物質濃度は河川水中のそれに比べて一般に高いことが知られている．また，河川から海域の溶存物質の放出は，その多くが河口域における物質の沈殿に伴って除去されるため，それほど効率的でない．そのため，仮に，海底からの地下水湧出量が十分に大きな場合には，陸域から海域への物質移行に関して，今までにとらえられていなかった主要な経路が存在することとなる．海底地下水湧出に伴う海域への物質移行量の定量的議論に関しては，今後さらなる研究が必要とされるが，陸域起源物質の海域への放出に関して，今まで取り上げられてこなかった経路があることが示されたことはきわめて重要である．

　より長い期間における沿岸域の現象を考えてみよう．最近数十万年の沿岸域の

環境は，約10万年周期の氷河性海面変動によってダイナミックに変化しており，氷河期最盛期には現在より100m以上も海面位置が低かったことが知られている．また，この変動では，温暖化が急激に進むのに対して，寒冷化は温暖化よりも進行速度が遅かったことが知られている．ところで，大陸周辺において特に顕著であるが，現在の海底下には，水深約100m以浅の大陸棚が沿岸域に広く分布している．このことは，現在よりも約1万8000年前の最終氷期最盛期には，現在の大陸棚は陸域であったことを意味している．その後の急速な温暖化に伴う海面上昇により，大陸棚は海面下に位置することになるが，大陸棚の海底面下には，この過程で海水と置換することができなかった淡水や，やや塩濃度の高い汽水が存在していることが知られている（図2.17(c)）．このような現象は，南北アメリカ大陸の大西洋側で典型的な事例が報告されているが，日本国内においても，青函トンネル掘削時に海底下において塩濃度の低い水がトンネル内に湧出してきたり，東京湾横断道路建設時に海底下から淡水が噴出したり，海底炭田で塩濃度の低い地下水が湧出してきたことなどが知られている．

このように，海域と陸域の境界である沿岸域では，地圏と海洋との間に様々な相互作用が認められる．上述のような塩水・汽水・淡水の分布に加え，それらが混合することによる物質挙動もきわめて興味深いものである．特に，地圏を移動してきた地下水と海水では，酸化還元環境や総溶存物質量・溶存物質組成が大きく異なっており，それらの混合に伴い鉱物の沈殿や溶解などが起こっていることも知られている．つまり，沿岸域は，物質循環の問題を考えるに当たって，まだまだ明らかにしなければならないことが多く残されている領域である．

2.3.5 人間の地圏利用と人間活動が地圏環境に与える影響

人間はこれまで地圏をどのように利用し，また，地圏にどのような影響を与えてきたのであろうか．顕著な例は，地圏に存在する資源の開発であろう．2.3.1項においても述べたように，人間生活に必要な物質や化石エネルギー資源のほとんどすべては，地圏の一部に濃集しているものを資源として開発し，利用してきたものである．最近では，リサイクルの概念が普及することにより，資源の再利用が積極的に進められるようになってきているが，依然として資源開発を行うことも必要である．特に，エネルギー資源として利用している化石燃料は，再利用ができないために，継続的な開発が必要となる．また，地下水も人間にとって重

要な資源である．地球上に存在する利用可能な淡水の多くは地下水として存在しているために，その開発と利用は，人口が爆発的に増加している状況を鑑みると，今後とも継続されていくことが予想される．

人間は，地下に空間を構築することによる地圏の利用も行っている．身近なところでは，地下街・地下鉄などが思い浮かぶが，それ以外にも地下の特性を活かした利用がなされている．たとえば，地下空間を用いたエネルギー資源備蓄が先進国を中心に行われている．これは，人間の主要な活動領域である地表を占有することなく大容量の流体資源の備蓄を可能とするものである．これ以外にも，地下水の流れがきわめて遅い領域が地下に存在することに着目し，その領域において，さらに適切な工学的対処をすることにより，人間の生活圏から長期間にわたって隔離する必要がある放射性廃棄物の処分場を建設することも検討が進められている．ここでは，自然由来の材料である粘土鉱物が放射性核種を吸着する高い能力を持っていることや，地下の還元的な環境においては核種の移行速度が小さくなることが積極的に利用されている．また，地下にもともと石油・天然ガスといった流体が地質時間にわたって長期間安定に存在していたことから，適切な条件を満たせば，長期にわたり二酸化炭素を地下に貯留することができると期待されている．これも，地圏の持つ特徴を生かした利用方策の1つであろう．

その一方で，人間活動の結果として地圏環境が影響を受けていることもある．最初に述べた地盤沈下はその1つの例である．また，人間活動の結果として発生した汚染物質を地下に放出することによる土壌・地下水汚染は，きわめて深刻な問題である．地下での物質の挙動は，今まで述べてきたようにきわめて複雑である上に，その移動速度は小さい．そのため，一度汚染された土壌・地下水環境を修復することは大変に困難である．農業活動に伴う施肥・農薬散布などによる汚染や，工場などから排出される重金属や油による汚染などの問題も多くなってきている．

人間活動が思わぬ問題を発生させることもしばしばある．バングラデシュのヒ素中毒の問題は自然由来の地下水汚染として有名であるが，現実には，人間活動の結果として自然起源のヒ素を大量に摂取することになったという点において，学ぶべきことが多い．バングラデシュでは，人間生活に起因する表流水の微生物汚染が著しくなったために，その問題を避けるべく地下水開発が実施された．そこで開発された地下水中には，自然由来のヒ素が高濃度で溶存していたため，ヒ

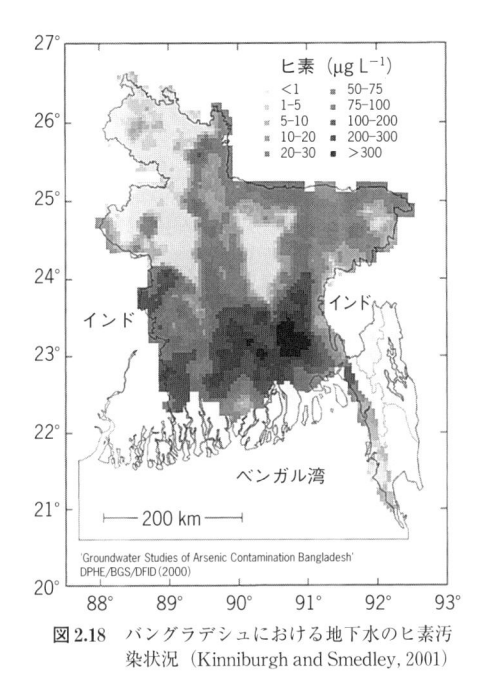

図2.18 バングラデシュにおける地下水のヒ素汚染状況（Kinniburgh and Smedley, 2001）

素中毒が発生し，大規模に広がることとなった（図2.18）．問題の重要な点は，表流水から地下水への水源転換が先進国の指導のもとに行われたことであり，現在も，その解決のための様々な活動が行われている．

2.3.6　地圏の高度利用に向けて

これまで，地圏環境とその周辺の問題について概括的に記述してきた．地圏の最大の特徴は，われわれが簡単にはアプローチできない「地下」であるということであろう．また，地下は地質学的な時間にわたる地球の営みの結果として形成された自然環境であり，その領域を構成する物質の空間分布や，そこで起こっている現象のすべてを理解することは，われわれにはきわめて困難であるということも重要な点である．

人間は，その活動範囲を広げる過程で，地圏の高度利用を行い，一定の成功を収めてきた．しかしその一方で，人間の利用に伴う地圏環境の反応がわれわれの予想とは大きく違っていることにより，様々な災害を経験することとなった．今

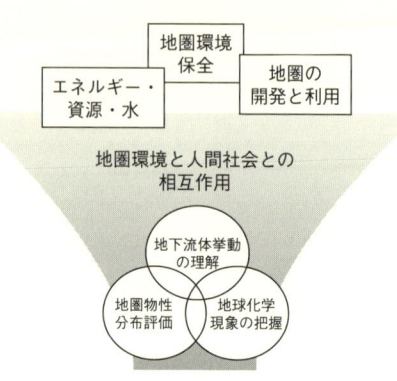

図 2.19　地圏環境システム学の目指すもの

後の地圏の高度利用に向けて，われわれは，今まで以上に地圏環境に関する理解を深めていく必要がある．具体的には，地圏環境の形成プロセスに基づく物性分布評価，地圏内を移動する地下水などの地下流体挙動の理解，地下で起きている地球化学現象の把握，これらを統合した上での地圏環境と人間社会との相互作用に関する研究のさらなる進展が望まれる．その結果として，われわれが課題としているエネルギー・資源開発，地圏環境保全，持続可能な地圏の開発を適切に実行するという目標に近づいていけるものと考えている（図 2.19）．また，今までの開発における成功例や失敗例（災害）から得られた経験を活かすことにより，今後の人間活動における無駄な失敗を避けることがきわめて重要である．特に，開発が高度に進んできた日本での経験は，今後開発が進むであろう開発途上国での活動に適切に還元されることが望ましい．そのためにも，システム論的なアプローチにもとづきながら，地圏の特性をよりよく理解するための努力が必要である．

［德永朋祥］

3 システムで考える環境調和型社会の創成

3.1 循環型社会の創成

3.1.1 循環型社会と経済社会の物質代謝

a. 循環型社会とは

近年，私たちが目指すべき社会像の1つとして「循環型社会」という言葉が頻繁に用いられるようになった．では，循環型社会とはどのような社会なのか．読者はその具体的なイメージをお持ちであろうか．実は循環型社会についてイメージするとき，「自分ならこの言葉をどのように英訳するか」を考えると面白い．英語には「循環型社会」に相当する言葉がないからである．

循環型社会の解釈が多様であれば，その英訳も多様になるはずである．実際，循環型社会に対してどのような訳語を当てているかを既存の文献から拾ってみると，表3.1に示すようなものが得られる．一見してわかるように，recycling society と sustainable society では大きな違いである．前者ではリサイクルが進展した社会像がイメージされるが，後者ではいわゆる持続可能な発展が実現された社会像がイメージされる．では，このような訳語の違いはどのようにして生ずるのであろうか．まず，循環型社会という言葉の歴史を簡単に振り返ってみよう．

循環型社会に類する言葉が行政においてはじめて用いられたのは，1990年に環境庁（当時）が設置した「環境保全のための循環型社会システム検討会」とされる．この検討会では，経済社会活動の核であるモノの生産，流通，消費，廃棄，そして再生という過程に即して，環境保全のための社会システムの在り方について検討が行われた．そして，この社会システムの在り方が「循環型社会シス

表 3.1 循環型社会の英訳の例
（橋本ほか，2006 より作成）

recycling society
resource recycling society
recycling-based society
material-recycling-based society
recycle-oriented society
recycling-oriented society
material cycles oriented society
society with sound material cycles
sound material-cycle society
circulatory society
circulating society
closed loop society
sustainable eco-society
sustainable society

テム」の構想であった．その後の1994年には第1次環境基本計画が定められる．環境政策の基本方針（第2部）のなかで，4つの長期的な目標が掲げられたが，このうちの1つが「循環」であり，ここで「循環を基調とする経済社会システム」の実現が謳われた．2000年には，環境基本計画に定められた長期目標のうちの「循環」，とりわけ人間社会における物質循環の確保を狙いとして，その喫緊かつ中心的課題である廃棄物・リサイクル対策に焦点を当てて，循環型社会形成推進基本法（以下，循環基本法）が制定された．この循環基本法では，循環型社会が定義されている．

　その定義とはどのようなものであろうか．循環基本法の第2条1項によれば，循環型社会とは「製品等が廃棄物等となることが抑制され，…製品等が循環資源となった場合においては…適正に循環的な利用が行われることが促進され，…循環的な利用が行われない循環資源については適正な処分…が確保され，もって天然資源の消費を抑制し，環境への負荷ができる限り低減される社会をいう」．この定義によれば，「もって」以下は循環型社会の目的を表現していると解釈できる．すなわち，天然資源の消費の抑制と環境への負荷の低減を目的として，廃棄物の発生抑制，循環利用，適正処分を進めるのが循環型社会ということである．このような循環型社会において「循環」の意味するところは，主に廃棄物の循環利用ということになるであろう．経済社会のなかでできるだけ物質を循環させて

(リサイクルして) 利用していく社会像をイメージするなら，循環型社会の英訳は recycling society となるに違いない．

では，「環境保全のための循環型社会システム検討会」において，「循環型社会システム」はどのようにとらえられていたであろうか．検討会の報告書 (環境庁リサイクル研究会, 1991) には次のような記述がある．「『持続可能な開発』を達成するには…生態系の大循環に適合するような経済活動の在り方を考え，具体化していかねばならない．…(このためには，) 廃棄より再使用・再生利用を第一に考え，新たな資源の投入をできるだけ押さえることや，自然生態系に戻す排出物の量を最小限とし，その質を環境を攪乱しないものとすることが必要である．こうした経済社会の在り方は『循環型社会』と呼ぶことができよう」(第1章第2節)．ここで注目したいのは，「生態系の大循環」という言葉である．報告書の同じ箇所では「自然生態系の循環」という言葉も用いられている．つまり，「循環型社会システム」の「循環」には，「経済社会における物質循環 (上記引用の記述では「再使用・再生利用」) という意味に加え，「自然の循環」とでもいうべき意味も込められているといえる．したがって，この検討会における「循環型社会システム」とは，自然の循環を乱さないように，リサイクルなどの手段によって資源の採取や環境負荷の排出を管理していく社会ということである．

この考え方は，環境基本計画における「循環を基調とする経済社会システム」にも引き継がれている．第1次環境基本計画には次のように記述されている．「大気環境，水環境，土壌環境等への負荷が自然の物質循環を損なうことによる環境の悪化を防止するため，…資源やエネルギー面でより一層の循環・効率化を進め，不要物の発生抑制や適正な処理等を図るなど，経済社会システムにおける物質循環をできる限り確保することによって，環境への負荷をできる限り少なくし，循環を基調とする経済社会システムを実現する」(第2部第2節)．ここでは「自然の物質循環」という言葉が用いられている．自然界の物質循環には，生態系における栄養分の循環から陸上生態系・海洋・大気の間での炭素の循環，水の循環，深層海流の循環，マントルの対流まで様々なレベルがあるだろう．こうした物質循環に悪影響を与えないということが，「循環を基調とする経済社会システム」の「循環」に込められている1つの意味である．なお，「自然の循環」といった場合には，物質の循環とともに状態の循環も含まれると考えられる．たとえば，季節の移り変わりや生物の再生産の過程などがそれである．

いずれにしても，循環型社会に類する言葉の「循環」には，「経済社会における物質循環（リサイクル）」を手段の1つとして「自然の循環」を維持・保全していくという意図が含まれる場合がある．これは，環境的に持続可能であるということである．したがって，この場合の循環型社会の訳語としては，environmentally sustainable society などが考えられる（なお，sustainable society とすると，一般的には経済的，社会的な持続可能性も考慮する必要がある）．

以上見てきたように，循環型社会に類する言葉の「循環」には，図3.1に示すような「自然の循環」と「経済社会における物質循環」の2つの意味がある．表3.1に記した recycling society と sustainable society の訳語の違いは，「経済社会における物質循環」に注目するのか，「自然の循環」に注目するのかの違いであったといえる．また，「自然の循環」を物質循環に限定すれば，sound material-cycle society（健全な物質循環社会）といった英訳もありうる．この訳語は現在日本政府が用いているものである．実は，循環基本法が成立した当初，日本政府は recycling-based society という訳語を用いていた．しかし，リサイクルの目的は自然の循環を確保することであり，リサイクルを増やすこと自体が目的というわけではない．「環境保全のための循環型社会システム検討会」の報告書にもあるように，「循環型社会は，単に技術的に資源の循環利用が図られれば良いという理念ではない」（第1章第2節）のである．循環基本法においても，

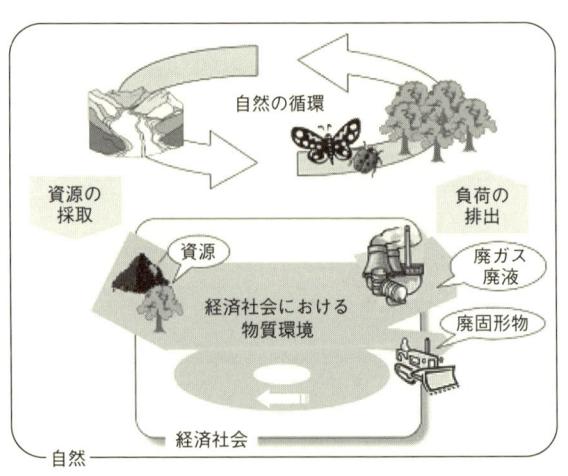

図 3.1 自然の循環と経済社会における物質循環（中央環境審議会循環型社会計画部会（第11回）資料2に加筆）

自然界における適正な物質循環の確保に関する施策やその他の環境保全に関する施策と有機的な連携が図られるよう配慮すべきとの規定がある（第8条）。すなわち，循環基本法の取り扱う範囲は主に「経済社会における物質循環」であるが，他の施策と適切に連携させることで「自然の循環」を考慮すべきことが示されている．2003年に閣議決定された循環型社会形成推進基本計画（以下，循環基本計画）においては，循環型社会のイメージが記されているが，その冒頭には，自然の循環と経済社会の循環の関係についての説明がある（第2章）．

「自然の循環」を維持するためには，経済社会における健全な物質循環を維持することが必要である．sound material-cycle society は，その意味で循環型社会の理念を他の訳語よりうまく表現しているといえる．健全な物質循環とは，経済社会のなかで物質を循環させることなどによって，環境から採取する物質，環境へ排出される物質の量を環境容量内に納めた状態を指すものと考えられる．

b. 経済社会の物質代謝と物質フロー分析・ライフサイクル評価

ここまで物質循環という言葉を用いてきたが，実のところこの言葉では循環が強調されすぎるかもしれない．現実の経済社会においては循環していない物質の方が多いからであり，また，環境から採取する物質，環境へ排出される物質の量を少なくする方法には，リサイクルのような物質を循環させる方法以外の方法もあるからである．もちろん，ここでいう物質循環は，資源を採取してから最終的に環境へ戻すまでの全体，すなわち，物質のライフサイクル（ここでもサイクル＝循環が使われる）を指しているのであるが，「健全な物質循環」を「健全な物質代謝」と言い換えた方がよりその本質がわかりやすいかもしれない．

人間は，食物を摂取し，そこから人体の成長・維持に必要なエネルギーや栄養を取り出して利用し，不要なものを排泄している．これを代謝という．医者は，患者が摂取した食物，患者の排泄物，さらには患者の人体内部での代謝についても調べてその人の健康状態を診断する．この診断が治療の基礎となる．同じことは経済社会についてもいえる．環境から経済社会に投入された物質が，経済社会のなかでどのように変換されて利用され，再び環境へ排出されるかをよく理解していなければ，健全な物質代謝に向けた治療をすることはできない．

物質フロー分析は，このような経済社会の物質代謝について診断し，治療方針を立てるための分析である．そのベースとなるのは，誰もがよく知るシンプルな

法則＝質量保存の法則である．図3.2に示すように，工場，産業，地域といった単位システムに対して，どのような物質が投入され，どのような物質が産出されているのかを把握することが物質フロー分析の最初のステップである．ここで重要なのは，入ってきたものと出ていったものの収支をとることであり，不明なフローをなくすということである．多くの場合，これは簡単なことではないのであるが，不明なフローに当該システムを改善する鍵がある場合が多い．ここで，ある単位システムに投入される物質，ある単位システムから産出される物質には大きく2つの種類がある．図3.2の上から下へ流れるフローは環境との物質のやりとりを表している．すなわち，環境からは資源を採取し，廃ガス，廃液，廃固形物を環境へと排出することになる．左から右へ流れるフローは他の単位システムとのやりとりを表している．他の単位システムで産出された原材料（これには主産物のほか副産物や廃棄物が含まれる）を受け取り，これを変換して，主産物の製品のほか副産物や廃棄物を産出し，これを次の単位システムに引き渡す．

　ここで，製品という単位システムに着目して物質フロー分析を行ったものが，ライフサイクル評価のインベントリ分析である．図3.3は図3.2の単位システムを製品として，そのなかに製品のライフサイクル（資源を採取し，製品を生産し，使用し，廃棄物を管理するまで）のプロセスを置いたものである．製品ライフサイクル評価は，このように製品のライフサイクルというシステムに着目して，そのシステムにどれだけの資源が投入され，どれだけの環境負荷が排出されるかを分

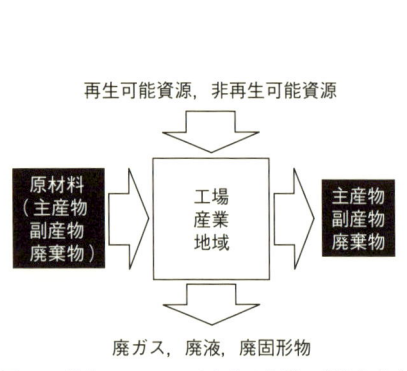

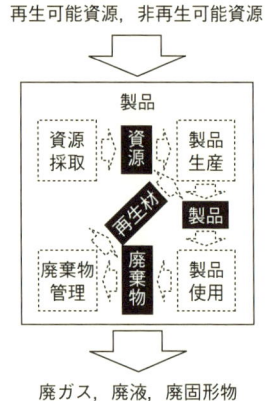

図3.2　単位システムにかかわる物質の投入と産出

図3.3　製品という単位システムの物質フロー分析＝製品ライフサイクルインベントリ分析

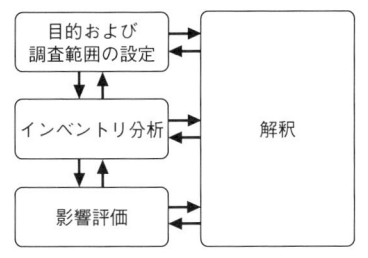

図 3.4 ライフサイクル評価の構成段階（日本規格協会，1997）

析し，その製品にかかわる環境影響を評価する手法である．ライフサイクル評価は図 3.4 に示す 4 つの段階で構成される．まず，ライフサイクル評価を実施する目的を設定し，その目的に合致する調査範囲，すなわち対象とするシステムと物質を設定する．次に，対象システムに投入される対象物質（資源）と対象システムから排出される対象物質（環境負荷）の量を分析する．資源と環境負荷の目録（インベントリ）を作成することから，インベントリ分析と呼ばれる．図 3.2 に示した工場や産業を単位システムとして対象物質のフローに関するデータを収集する作業は，インベントリ分析におけるプロセスデータの収集という作業に相当する．個々の工場や産業が図 3.3 における資源採取，製品生産，廃棄物管理などのプロセスに相当するものであり，これらの個々のデータを製品のライフサイクルでつないだ合計がインベントリ分析の結果となる．影響評価の段階では，インベントリ分析の結果を統合して複数もしくは単一の環境影響指標に換算する．最後にこれらの結果を解釈して各段階の問題点などを改善しつつ，最終的な解釈を行うのである．各要素が双方向の矢印で結ばれているのは，ライフサイクル評価が各段階の繰り返しで構成されることを意味している．

表 3.2 は注目する単位システムの違いから物質フロー分析を分類したものである．1 つはある物質群に注目するものである．特定の物質を対象としてそのフローを分析するものが多いが，特定の製品を対象とする場合もある．このとき，最終製品のフローを追うことが多いが，先述のように製品の生産段階に遡って，また，製品の廃棄管理段階まで追って物質フローを把握しようとするのがライフサイクル評価におけるインベントリ分析に相当するものである．もう 1 つはある領域に注目するものである．これらは図 3.2 で単位システムとして記したものと同じであり，たとえば，国という領域に着目した分析の事例が図 3.5 である．

表3.2 物質フロー分析の種類 (Bringezu and Moriguchi, 2002 に加筆)

ある物質群がもたらす環境影響に着目			ある領域でもたらされる環境影響に着目		
Substances 物質	Materials 物質	Products 製品	Firms 工場	Sectors 産業	Regions 地域
例 Cd, Cl, Fe, Hg, N, P, Pb, Zn, CO_2, CFC	例 化石燃料 バイオマス プラスチック 木材	例 自動車 家電製品 バッテリー 紙	例 化学プラント 食品工場	例 化学産業 建設産業	例 国 県 市町村
関連する工場, 産業, 地域で			関連する物質, 製品に関して		

図3.5によれば，2005年度において，日本の経済社会へ新たに投入された天然資源等の量は約16.5億トンである．このうち，約8.3億トンが日本国内で採取された資源であり，約8.2億トンが海外からの輸入品である．一方，経済社会から環境に排出される物質のうち，最大のものはエネルギー消費および工業プロセス排出で約5.0億トン．このほとんどは化石燃料の燃焼などによって発生する二酸化炭素の炭素分であり，燃焼の際に大気から取り込まれる酸素を考慮する

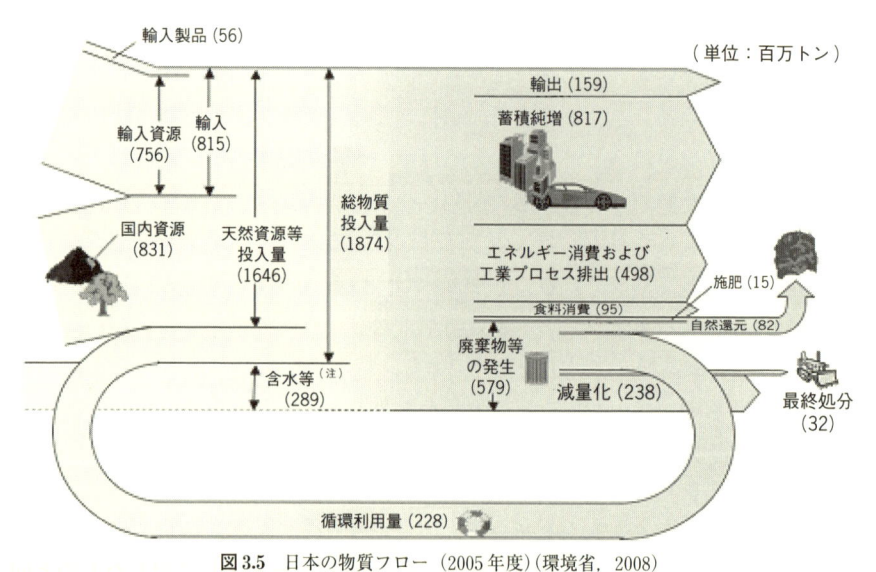

図3.5 日本の物質フロー（2005年度）(環境省, 2008)
（注）廃棄物等の含水等（汚泥，家畜ふん尿，し尿，廃酸，廃アルカリ）および経済活動に伴う土砂等の随伴投入（鉱業，建設業，上水道業の汚泥および鉱業の鉱さい）．

と，日本の経済社会から排出される最大の廃棄物は二酸化炭素ということができる．このほか，食料消費や施肥，最終処分などの形で，投入物質が環境へと排出される．残りは輸出と蓄積純増である．この蓄積純増は，当該年度において日本の経済社会における物質の蓄積が増えたことを示すものであり，その量は天然資源等投入量の約半分にも相当することがわかる．この蓄積物は，将来の潜在的な廃棄物，潜在的な2次資源としての側面を持つ．最後に，経済社会のなかで循環している物質の量は約2.2億トンとされている．ただし，この量を定義したり計測したりするのはそれほど容易ではないことを記しておく．

c. 経済社会の物質代謝にまつわる問題

ここで経済社会の物質代謝にまつわる問題について整理しておこう．大きくは環境上の問題と経済社会上の問題に分けられる．環境上の問題としては，生態系の破壊と環境の汚染（表3.3参照），社会経済上の問題としては，資源の不足と資源の不平等な配分といった問題を指摘できよう．以下では，物質フローの入口，蓄積，出口という3つの断面ごとに，近年顕著になっている問題と物質フロー分析上の課題に焦点を当てて見ていきたい．

まず，入口に関連しては貿易の拡大がある．日本は天然資源を国外から輸入し

表3.3 物質ごとに見た主要な環境上の問題

物　質	物質フローの断面	主要な環境上の問題
化石燃料	入　口	採掘による土地の改変,生態系の破壊 原油漏洩による水質汚染,温室効果ガスの排出による地球温暖化
	出　口	温室効果ガスの排出による地球温暖化 NO_x, SO_2などの排出による大気汚染,酸性化,富栄養化
金　属	入　口	採掘による土地の改変,生態系の破壊 重金属の排出による人体への影響,生態系への影響
	出　口	重金属の排出による人体への影響,生態系への影響
非金属鉱物	入　口	採取による土地の改変,生態系の破壊
	蓄　積	構造物建設による土地の改変,生態系の破壊
	出　口	埋め立てによる土地の改変,生態系の破壊 過剰な化学肥料の散布による富栄養化
バイオマス	入　口	過剰な採取による生態系の破壊,土壌の荒廃
	出　口	過剰な有機肥料の散布による富栄養化

てこれを加工し輸出することで経済発展を遂げてきた．貿易を重量で見ると，現在でも日本の輸入資源の量は増加を続けており，また，資源だけでなく輸入加工製品の量も増加を辿っている．これは多くの先進国に共通した傾向である．では，これにより何が問題となるであろうか．国内で資源採取を行っていれば，表3.3の入口に示すような環境上の問題は身近に感じられるものであった．しかし，資源採取や製品加工の段階が国外に移転していくと，そこで発生する環境上の問題が見えにくくなる．国外で天然資源が加工され重量が減った状態，すなわち中間製品や最終製品の状態で輸入されるようになれば，図3.5の天然資源など投入量は減ることになるであろう．しかし，実際には日本の需要を満たすための天然資源等投入量が減っているわけではない．こうした問題をどう計測するかということが物質フロー分析上は求められることである．また実務的にはこうした問題にどのように対処していくかということが課題となる．さらに，資源の輸入には資源安全保障上のリスクがあるという点についても留意する必要がある．2000年から2008年頃にかけては各種資源の価格も大幅に上昇し，国内産業も少なからず影響を受けた．こうした問題に対処することも求められる．

　次に，蓄積である．図3.5で見たように，経済社会で増加していると見積もられる物質の量は，日本の経済社会に投入される天然資源等の量の約半分にも相当する．この傾向は過去数十年変化してこなかったが，近年少しずつ減少する兆しも見られる．重量という面からは蓄積純増のほとんどは建設物に投入された物質（砂利，砕石，セメントなど）であるが，減少の兆しは社会資本面で日本が成熟してきたことの現れでもある．今後は，こうした蓄積物質が廃棄物となって発生することになるであろうことから，これを適正に管理することが必要となってくる．また，こうした蓄積物質は，2次資源の蓄積と見なすこともできる．日本は世界から資源を輸入し，これを製品という形に変えて経済社会に蓄積してきたのである．近年「都市鉱山」という言葉が各所で見られるようになっているが，この言葉は都市に蓄積された物質を鉱石と見立てた表現である．都市鉱山を有効かつ効率的に活用することができれば，物質フローの入口や出口にかかわる環境負荷を減らすこと，資源安全保障上のリスクを減らすことができる．このためには都市鉱山から物質を回収するための技術とシステムが必要であり，これらを開発していくことが課題である．また，物質フロー分析上の課題としては，蓄積された物質の種類，量，形態などに関する情報の整備がある．蓄積された物質の管理

に必要となるこうした基礎情報を，私たちはほとんど持っていない．

　最後に，出口である．出口についても入口と同じく貿易の問題がある．途上国の経済発展に伴って，先進国から途上国へのスクラップ，使用済み製品の輸出が増加しているが，なかには廃棄物に近い状態のものが輸出される場合があり，また，合法的に輸出されていたとしても途上国側のリサイクル・廃棄物管理システムの未熟さによって，環境汚染が生じている場合がある．入口と同じく，出口においても環境上の問題が海外に移転している場合があるのである．また，スクラップや使用済み製品の輸出が増加することによって，国内のリサイクルシステムも影響を受けることになる．優良なスクラップや使用済み製品が集められなければリサイクルが業として成り立たなくなるからである．このような問題にどのように対処していけばよいかが課題である．また，物質フロー分析上は，スクラップや使用済み製品の輸出入量をどのように把握するか，環境上の問題の移転をどのように計測するか，といったことに取り組んでいかなければならない．

d. 循環型社会形成推進基本計画の物質フロー指標と目標

　図3.5に示すような国を対象とした物質フロー分析の政策における活用という点では，循環基本計画の物質フロー指標とその目標がある．具体的には，図3.6の3つの断面に対して物質フロー指標とその目標が定められている．3つの断面とは，入口，循環，出口であり，入口の指標として資源生産性，循環の指標として循環利用率，出口の指標として最終処分量が採用されている．以下では，それぞれの指標とその意味を概説しながら上述した物質代謝にまつわる問題との関連について見てみよう．

　まず，資源生産性である．物質フローのどちらかといえば下流側を対象とした循環基本法にもとづく基本計画において，このような上流側の指標が採用されたことは若干奇妙かもしれない．しかし，資源として経済社会に投入された物質は，最終的には何らか（気体，液体，もしくは固体）の形で環境へ戻すことになる．すなわち，廃棄物の排出量を減らすためには天然資源の投入量を減らす必要があるということである．循環基本法の循環型社会の定義においても，循環型社会とは「天然資源の消費を抑制し，環境への負荷ができる限り低減される社会」と記されており，資源の消費を削減することは法の定義にも合致する．ところが，「天然資源の消費量を〇〇トン以下に減らす」といった規制を導入すること

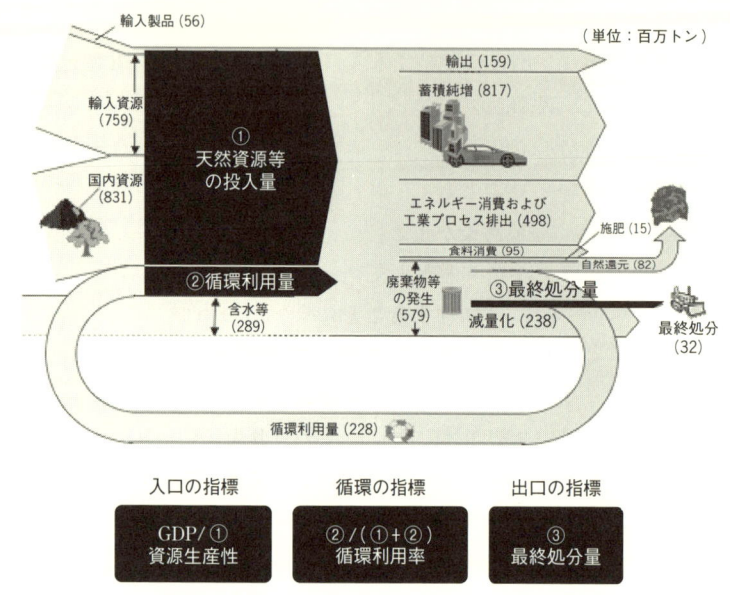

図3.6 循環型社会形成推進基本計画における物質フロー指標と目標

は科学的にも政治的にも困難である.そこで,

$$天然資源等投入量 = GDP \times (天然資源等投入量/GDP)$$

と考え,GDP 当たりの天然資源等投入量を減らすことを目標としたのである.最終的には,この逆数をとって,天然資源等投入量当たりに生み出す GDP を増やす方向で目標が定められた.

次に,循環利用率である.世のなかでいわゆるリサイクル率と呼ばれているものには,入口側と出口側の2種類があるが,循環基本計画で採用されたのは入口側のリサイクル率である.これは,原材料の消費量に対してどれだけ再生材料を用いたかの指標である.したがって,新たに消費される天然資源の削減効率を表す.一方,出口側のリサイクル率は,廃棄物の発生量に対してどれだけの廃棄物が再生されたかの指標である.これは,処分される廃棄物の削減効率を表す.一般にはこの出口側のリサイクル率を思い浮かべる場合が多いであろう.循環基本計画で入口側の指標が採用されたのは,資源生産性のところでも述べたように,できるだけ天然資源等の投入量を減らすことが重要であるとの視点からである.また,リサイクルによってエネルギー消費量が増える場合も想定されるが,この

場合化石燃料の投入量が増えることから分母の天然資源等投入量が増え，分子の循環利用量の増加を打ち消すことができ，そのような問題にも概念上対応できる指標となっている．

最後に，最終処分量である．循環基本法における循環型社会の定義には，「天然資源の消費を抑制し，環境への負荷ができる限り低減される社会」とあることから，出口側の指標としては環境負荷全般が対象となりうる．図3.5で見たように，環境への排出量が最も多いのはCO_2であるが，CO_2を含む温室効果ガスの排出については，京都議定書およびそれに対応する国内法（地球温暖化対策の推進に関する法律）によって管理がなされている．その他，環境汚染物質と呼ばれているものの多くも，各種の法律で規制が行われている．一方，循環基本法成立の背景には最終処分場の埋立容量の制約があり，最終処分量を減らすことが喫緊の課題の1つであった．たとえば，循環基本計画検討時の最終処分場の残余容量は一般廃棄物で12.5年，産業廃棄物で4.3年（いずれも2001年度データ）であった．このようなことから最終処分量が指標として採用されたのである．

このようにして3つの指標が採用されたものの，これに関する様々な課題も指摘されている．たとえば，資源生産性については，分母にくる天然資源等投入量が重量の合計であるという課題がある．すなわち，岩石・砂利の重量が大きな影響を持ち，少量でも有害な物質や少量でも希少な物質が過小評価され，また，再生可能資源と非再生可能資源が同等に扱われることになる．これは異なる物質の重みづけの問題である．重量で重みづけをするということは，重い物質ほど環境負荷が大きく，また貴重な資源であることを意味することになる．環境影響の大きさで異なる物質を重みづけする手法も研究されてはいるが，現状では課題も多い．このような指摘に対する答えの1つとしては，廃棄物管理の分野では重量が主に用いられているということがある．前述のように，経済社会に投入された物質をすべて潜在的な廃棄物であると見なすならば，潜在的な廃棄物量の指標としては重量も妥当である．また，循環基本計画には取り組み指標というものが定められている．これには，既存の計画で定められた指標や目標が含まれるが，ここで多くの産業，製品，物質（廃棄物）が対象とされている．つまり，単純に足し合わせて重いものだけが計画の対象となるわけではないということも答えの1つである．関連して，資源採取時の環境上の問題を考慮すべきではないか，貿易に伴う環境問題の移転をどう計測・解釈すればよいか，といった課題も指摘されて

いる．貿易の問題については，入口の資源，出口のスクラップや使用済み製品の問題として上述したとおりである．スクラップなどの貿易については，輸出が増えることによって，国内で利用可能なスクラップなどの量が減り，結果的に循環基本計画で定める循環利用率が低くなるという課題もある．

　第2次循環基本計画においては，これらの課題のいくつかに対応するため，補助指標や推移をモニターする指標などが導入された．たとえば，土石系資源投入量を除いた資源生産性，バイオマス系資源投入率，隠れたフロー・総物質需要量などの指標である．土石系資源投入量を除いた資源生産性は，岩石・砂利などの影響を取り除いた指標で資源生産性の推移を見るため，バイオマス系資源投入率は，再生可能な資源の利用を積極的に評価するためのものである．また，総物質需要量とは，輸入資源や輸入製品を生産する段階で必要となる天然資源量，天然資源を採取する段階で掘り起こされた土砂の量，などを含めた物質の総需要量のことである．そして，このような目に見えにくい物質フローを隠れたフローと呼んでいる．したがって，隠れたフロー・総物質需要量は，資源採取時の環境上の問題や，貿易に伴う環境問題の移転の問題に一部対処するためのものである．

［橋本征二］

3.1.2　PETボトルを例としたリサイクルの実状

　前項で述べたとおり，循環型社会＝リサイクル社会という理解は正確ではない．しかし，リサイクルが循環型社会の重要な要素であることも事実であり，様々な分野で，リサイクルへの取り組みが進められている．ここでは，日常生活におけるごみの分別とのかかわりの深い容器包装ごみ，特にPETボトルを取り上げて，そのリサイクルの実状と課題について紹介しよう（森口，2007，2009）．

a.　「リサイクル」とは

　「リサイクルは本当に環境によいのか？」という疑問は，以前から寄せられてきた（武田，2000）．容器包装リサイクル法（以下，容リ法）や家電リサイクル法が本格的に実施され，市民の負担感が増すなか，そうした疑問が沸くことも無理のないことである．

　まず，「リサイクル」という用語や「リサイクル率」という指標がしばしば異なる定義で使われていることに注意が必要である．たとえば，中古製品を扱う店

図3.7 容器包装の分別促進のための識別表示

を「リサイクル・ショップ」と呼ぶことが多いが，これは法律上の整理では，再使用（リユース）に当たる．一般には，使用後の様々なモノを廃棄せずに何らかの形態で「再び活用すること」を広くリサイクルと呼んでいると考えられるが，循環型社会形成推進基本法（循環基本法）や3R（Reduce, Reuse, Recycle）における分類，容器包装リサイクル法（容リ法）などの分野ごとのリサイクルに関する法令では，製品のまま再度使用するのではなく，原材料として「再生利用」することをリサイクルと呼ぶのが通例である．ただし法律上も，再生利用のほか，再資源化，再商品化など複数の用語が用いられている．

一方，図3.7に示したリサイクルのための識別マークでは，何度も循環することを思わせる「環」が描かれていることが多い．実際，回収された古紙の多くは再び紙の原料となり，アルミ缶は再びアルミ缶の材料として利用することができる．では，リサイクルとはもとの用途の原材料として活用されることを意味するのだろうか．PETボトルの場合，リサイクル，とは何を指すのであろうか．PETボトルのリサイクル率○%，とはどのように測られているのであろうか．その答はもう少し後で述べるとして，リサイクルについて段階を追ってもう少し詳しく見てみよう．

b. 分別収集，回収とその後のリサイクルにおける役割分担

「混ぜればごみ，分ければ資源」という標語に見られるように，リサイクルは，まずごみのなかから再び活用できそうなものを選り分けることから始まる．家庭から排出されるごみの場合，排出主体である消費者や，収集・処理する主体である地方自治体にとっては，分別して回収され，廃棄物処理のルートから外れた段階でリサイクルされた，と考えがちであろう．飲料容器のリサイクル活動の原点の1つは，道路や空き地などにところかまわず捨てられる散乱ごみ問題の改善にあり，それらをきちんと所定の場所に捨てること，それと同時に，再び資源として利用しやすいように飲料容器だけを分別して回収する仕組みがつくられてき

た．一方，1995年の容リ法制定当時は，家庭ごみに占める容器包装の割合の増大，埋立処分場の不足など，自治体のごみ処理の負担をどう軽減するか，という点が特に重要であった．このため，ごみ処理の立場からは，分別や選別を経て，「リサイクルに向かった量」の把握も重要な関心事であった．PETボトルの場合，2008年度現在，自治体の分別収集により49.7%，店頭，自販機横の回収箱などからの回収を加えると，77.9%が回収されている．すなわち，回収された量を生産量で割った回収率は年々高まっており，少なくとも「廃棄物として処理するのではなく，リサイクルに向かった量」の割合は増加している．

　回収という断面は，リサイクルへの入口として重要な位置にあるが，リサイクルが完結するには，さらにいくつもの段階を経る必要がある．リサイクルの対象となる製品や制度によって，段階の区切り方は多少異なるが，家庭から出される容器包装廃棄物の場合，

　①分別収集・回収
　②選別・圧縮・梱包・保管
　③原料への再商品化
　④再商品化物を利用した最終製品の生産

の4段階に分けて整理することが適切であろう．こうした段階ごとに情報を整理することで，どこでエネルギー消費や環境負荷が発生するのか，どこでコストがかかるのか，どこにリサイクルの障害があるのかが理解されやすくなる．これが，リサイクルを「システムとしての全体像」としてとらえるものの見方である．

　容リ法では，①②を自治体，③を，特定事業者（容器包装を生産，利用する事業者）から委託を受けた再商品化事業者，④を再商品化製品利用事業者が担うが，役割分担が細分化された結果，これらの段階全般にわたるリサイクルの全体像が見えにくくなっている．関係主体の仲立ちをする上で重要な役割を担っているのが，「指定法人」と呼ばれる機関で，具体的には財団法人日本容器包装リサイクル協会（以下，容リ協）という公益法人である（図3.8）．

　段階③で生産される「再商品製品」とは，一般にイメージされる「商品」や「製品」ではなく，それらの原料となる中間製品である．その後の④の段階は，一般の生産活動に組み入れられており，リサイクルの一部としての情報収集は，十分には行われてこなかった．ごみを出す段階での分別に協力し，自治体による

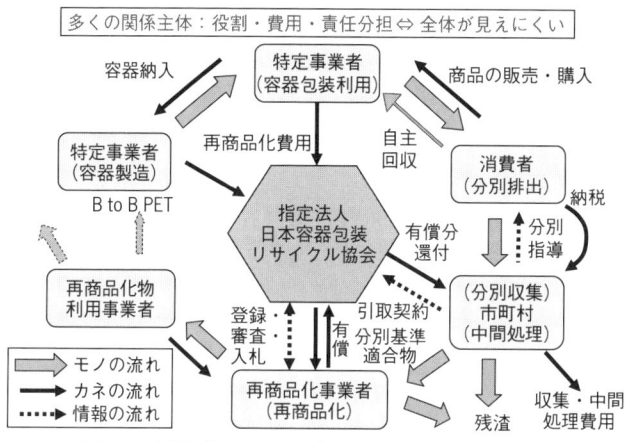

図3.8 容器包装リサイクル法をめぐるモノとカネの流れ

分別収集や選別・保管のコストを税という形で負担する消費者に対する説明責任という観点から，リサイクルの一連のフローをより透明にしていくことが，リサイクル制度に対する信頼性を確保するための課題となっている（図3.8）．

c. 収集・回収されたPETボトルの行方

PETボトルは，家庭ごみとして廃棄され，自治体が分別収集するほか，自動販売機の横や小売店の店頭などに設置された回収箱でも回収されており，後者は事業系回収と呼ばれる．捨てる側から見れば，分別して捨てたことに変わりはないのであるが，法律上は異なるシステムの一部であり，自治体が収集した場合と，街頭で回収された場合とでは，実際にはその後の行方が異なる．

容リ協のホームページでは，どの市町村が集めたPETボトルがどこの工場に運ばれて再商品化されるかの内訳や，回収されたPETボトルがどのような用途にどれだけの数量が使われたかの内訳が公表されている．2008年度において，容リ協を通じたルートには，自治体が集めた約28.4万トンのPETボトルのうち，15.4万トンが引き渡され，そこから12.2万トンの再商品化製品が生産された．その多くはそのまま使う製品ではなく，カーペット・衣類などの繊維製品，卵パック，文房具などの原料に使われる．

しかし，自治体が容リ協に処理を委ねた場合以外の経路については，実態が把握しにくい．分別収集が拡大した90年代末には，再商品化施設の整備が間にあ

わず，折角分別収集したPETボトルが行き場を失う状況も報じられた．しかし当時と最近ではまったく状況が異なる．容リ法では，容器包装を生産・使用する事業者が，自治体が収集した容器包装廃棄物を再商品化するための費用を負担するが，容リ協を介して入札で決まる再商品化費用の全国平均値は，PETボトルについては，2006年度からマイナス，すなわち再商品化事業者が有償で市町村から分別収集されたPETボトルを買い取る状況となった．このため，市町村が，容リ協を介さずに独自にリサイクル事業者に有価で引き渡す傾向も強まった．すなわち，分別して大量に集めれば，PETボトルが「売れる」ようになったのである．これは，中国などの経済の急速な発展によって資源需要が増大し，廃PETボトルの資源としての価値が高まったためである．

また，自治体による分別収集以外の事業系回収についても，かなりの割合が輸出されてきたとみられる（図3.9）．2008年秋以降の世界経済の急変により，資源価格が低下し，国際リサイクルの流れにも滞りが見られたが，その後，輸出量は回復している．他国に輸出してリサイクルするような形態が，循環型社会として望ましい姿かどうかについては，十分に議論すべきであろう．

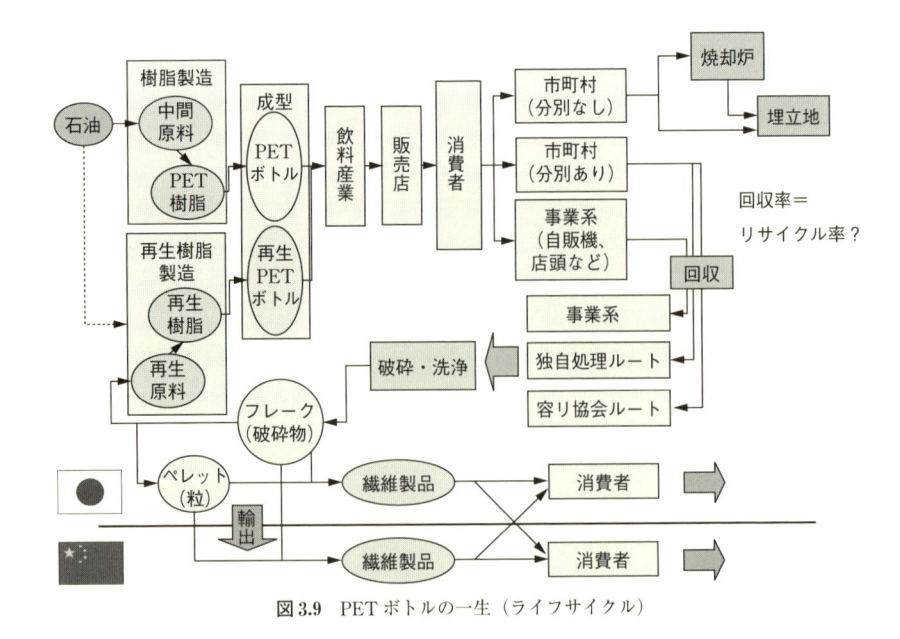

図3.9 PETボトルの一生（ライフサイクル）

d. PETボトルとそれ以外の容器包装廃棄物

　PETボトルは，飲料容器の一種であり，また，プラスチックを材料とする容器包装の一種でもある．前者としてみた場合，飲料容器は，プラスチックのほか，ガラス，金属，紙など様々な材料からつくられてきている．かつてはガラスびんなどのリユース（リターナブル）容器が多く使われてきたが，最近の飲料容器のほとんどは，使い捨て型（ワンウェイ）の容器である．ワンウェイ容器についても，分別収集・リサイクルが行われているが，もとの用途である飲料容器にリサイクルされるクローズドループリサイクルは一部にすぎず，多くの場合，他の製品の原材料となるオープンループリサイクル（カスケードリサイクルとも呼ばれる）である．こうしたなかで，しばしば「どの容器が最も環境によいのか」が関心を集めてきた．業界団体の資料によれば，清涼飲料の生産量の合計は1989年から2008年までの間に約2倍に増加し，2008年には1830万kLが生産されている．これは，500 mLの容器に換算すると，国民1人当たり年間約300本消費している勘定になる．容器別にみると，1990年代前半には，スチール缶が半分余りを占めていたが，PETボトルの増加とともにシェアは減少し，1998年にPETボトルが首位となり，現在では全体の約6割を占めるに至っている．スチール缶やアルミ缶は，現在も高い回収率を維持しているが，それらに代わり，飲料容器におけるPETボトルのシェアが高まったことが，PETボトルのリサイクルに高い関心が寄せられる背景にある．

　一方，容器包装全体として見れば，弁当容器，菓子袋，シャンプーのボトルなどの食品以外の日用品の容器・包装など，多様な用途にプラスチックが利用されている．これらは，容り法のもとでは，PETボトル以外の「その他の容器包装プラスチック」として分別収集が進められ，2009年度には約62万トンが容り協を介して再商品化プロセスに投入されている．PETボトルとその他の容器包装プラスチックは，ともに軽くて嵩張るものであり，そのことが分別収集の段階では共通の問題点であるが，その後のリサイクル工程においては，大きな相違がある．PETボトル以外の容器包装プラスチックは，種々雑多な材質，形状のプラスチックの混合物であるうえ，汚れや異物が混入しやすい．これに対して，PETボトルはふたとラベルを除けば，ボトル本体はほぼ均一な材質である．したがって，PETボトルの方が，より高い材質を求められる用途へのリサイクルが成立しやすい．

e. プラスチックのリサイクル技術とその効果の評価

では，収集・回収されたPETボトルやその他の容器包装プラスチックはどのようにリサイクルされているのであろうか．プラスチックのリサイクルでは，マテリアルリサイクル（または材料リサイクル），ケミカルリサイクル，サーマルリサイクルという分類がよく用いられてきた．このうち，サーマルリサイクルは，和製英語とされ，エネルギーリカバリーと呼ぶように改められつつある．

表3.4は，これらの廃プラスチックの循環的利用技術の区分の意味をより明確にすることを目的に，複数の視点からリサイクル技術の分類を試みたものである（森口，2005a）．行（縦軸）方向には，どのような工学的・技術的操作を循環的利用プロセスに適用するか，列（横軸）方向には，循環的利用によってどのような用途の製品やサービスを得ようとしているか，という視点を配置している．従来の3つの区分は，これら2つの視点が混在しながら分類が行われてきた．

PETボトルの場合，ケミカルリサイクルによってPET樹脂を分子にまで分解した後に再びPET樹脂を生産する技術（B to Bリサイクル）が開発され，再び飲料用PETボトルの材料として実際に使われてきた．一方，現在行われているPETボトルリサイクルの大半は，樹脂としての性質を保ったままの状態で破砕・洗浄し，繊維状やシート状にした後，これを最終製品の原材料とする方法で，これはメカニカルな方法によるマテリアルリサイクルである．

前者は，もとの用途に戻るという点では高度なリサイクルであり，原料分を含めれば石油から新たにPETボトルを生産するよりも少ない石油資源でPETボトルを生産できるとされているが，後者に比べてリサイクル工程でのエネルギー消費量が大きい．後者のメカニカルリサイクルによって得られる再生樹脂が，石油からつくられた新規樹脂を代替しているならば，リサイクルによる資源節減，環境負荷削減効果はより大きい．なお，海外では，メカニカルリサイクルによって得た再生PET樹脂を飲料用ボトルの原料としている例がある．この方法は，資源消費や環境負荷の削減効果が大きく，かつもとの用途に戻せる利点がある．

なお，法制度上の分類では「リユース（再使用）」に相当するが，ガラスびんと同様，ボトルを回収して洗浄して繰り返し利用するリターナブルボトルも，ドイツなどで実績があり，日本でも実証実験が行われた．繰り返し利用することで，ボトル生産のための資源消費や環境負荷を低減できるが，ボトルをそのままの形状で輸送する必要があるため，回収して洗浄し，再び飲料を充塡する工場ま

表3.4 適用する技術と用途から見たプラスチックのリサイクル手法の分類 (森口, 2005a)

	用途	樹脂原材料 (マテリアル) もとの用途	樹脂原材料 (マテリアル) 他の用途	他の原材料 (フィードストック)	熱・電力 (エネルギー)
中核となる要素技術の種類	メカニカル (破砕, 再成型など)	PETメカニカルボトルtoボトル	産業系廃プラの材料リサイクル / PETボトルのマテリアルリサイクル / その他プラの材料リサイクル	破砕・造粒*	RPF製造
	ケミカル (分解, 還元など)	PETボトルtoボトル	PETボトルto繊維	ガス化A / 高炉還元剤+副生燃料ガス / コークス炉化学原料化 (原料油+還元剤+燃料ガス)	ガス化B / 油化
	サーマル (燃焼, 焼成など)	(技術の特性上, 該当なし)			RPF発電 / セメント焼成 / 焼却発電
リサイクルの環の閉じ方 リサイクルの階層性		クローズドループ (水平リサイクル)	オープンループ (カスケードリサイクル, 垂直リサイクル)		

*：破砕, 造粒は, ケミカルリサイクルのいわば前処理であるが, コークス炉化学原料化および高炉還元剤製造では, 法の運用上はこのプロセスが再商品化と位置づけられている.

での距離が長いと, 輸送に伴うエネルギー消費による環境負荷が大きくなる. また, ガラスびんに比べて洗浄が困難なため, 食品の品質への要求の厳しい日本における導入には多くの課題が指摘されている.

一方, PETボトル以外の容器包装プラスチックについては, 先に述べたとおり, 高度なリサイクルがより困難な要因がある. 再びプラスチック原料として利用する材料リサイクルを優先する措置がとられてきているが, この方法は, 現在の技術ではコスト面やCO_2排出などの環境負荷削減の面では有利とはいえない. 鉄鋼業で石炭の代わりに還元剤原料とするなどのケミカルリサイクルは, よりコストが安く, CO_2排出の削減効果は大きい. なお, 自治体の焼却炉で燃やして発電する方法は, 分別が不要となりコスト面では有利だが, 発電効率が低いため, ケミカルリサイクルに比べてCO_2の削減効果は小さい. こうしたリサイクル手法別の効果の評価には, LCA (ライフサイクルアセスメント) が適用されている.

f. より効率的, 効果的なリサイクルシステムに向けて

以上見てきたように, PET ボトルやそれ以外の容器包装プラスチックのリサイクルは, 量的には拡大しているが, もとの用途に近い高度なリサイクルの方が, コスト面, 環境負荷削減面の課題が大きいのが現状である. この状況を改善するには, なぜリサイクルに高いコストがかかるのか, どうすればコストが下げられる可能性があるのかを分析する必要がある.

容器包装プラスチックのリサイクルにおいて, 大きなコストがかかるのは, 分別収集や異物の選別・除去のための人件費である. コストを下げるための有力な手段の1つは, 消費者が質の高い分別を行うことであり, そのためには, 消費者とそれ以外の関係主体との間での信頼関係が重要である. 昨今, リサイクルの効果やコストに関する様々な情報が入り乱れているが, 信頼関係が損なわれることがないように, 的確な情報の共有がますます重要になっている. そのために, 環境システム学がどのように貢献できるのかについては, 次項で述べることとする.

3.1.3 環境システム学による循環型社会の創成

循環型社会の創成に向けた環境システム学による研究課題は多岐にわたる. むろんリサイクルのための個別の要素技術開発も環境学の重要な要素であるが, ここでは特に部分と全体とのつながりという意味での「システム」に着目した課題をいくつかあげておく.

a. システム的視点による定量的な情報の把握と分析

前項で, PET ボトルなどの容器包装ごみを事例として, リサイクルの実状について紹介した. そのなかでもすでにいくつかのシステム学的な視点を取り入れて論じたが, 一般に現在の実社会での様々な制度は, 必ずしも「システム」として効率よく設計されているとはいえない. その背景には, いわゆる「縦割り」の行政の問題や, 様々な関係主体の利害調整など, 社会的な要因もあるが, 制度設計時には十分な情報がなく, 制度を運用してデータを集めるなかで, 改めて見直すべき点が顕在化する場合が少なくない.

前項であげた実例では, 物質フロー分析を適用してリサイクルの流れを定量的に示すことで, リサイクル製品の最終的な使途まで含めたリサイクルの全体像が

捕捉できているかどうか，どの断面でリサイクル率を計測すべきか，といった課題を明らかにすることができる．また，LCAを適用し，定量的にリサイクルの効果を評価することで，リサイクルプロセス自身のために新たに必要なエネルギー投入などを含めても，資源の消費削減や環境負荷の削減の効果があるのかどうかを検証することができる．また，LCAやライフサイクルコスト分析は，複数のリサイクル技術の特徴を比較するうえで有用であり，また，各々のリサイクル技術についてどのプロセスを改善することが効率向上のために必要かを明らかにすることもできる．

実際，近年の容器包装リサイクル法の運用の検討においても，LCAによる評価が取り入れられている．また，物質フロー分析は，家電リサイクルの分野でも取り入れられ，法制度の枠組みの外へ流出する，「見えないフロー」と呼ばれる問題の指摘，解明に役立っている．

これらは，個々の要素を全体とのつながりにおいてとらえる「システム」の視点が活用された事例といえる．

b. 循環型社会を構成する関係主体に着目した分析

前項で，容器包装リサイクル制度に数多くの主体が関係しており，その複雑な役割分担が，システム全体を見えにくくしている面があることを指摘した．図3.8に示したような，主体間の関係の整理のほか，環境システム学における研究対象として，消費者や事業主体の意思決定要因の解明がある．

たとえば，容器包装リサイクル法では，リサイクルのための分別は，消費者の役割とされているが，これは無償での労働を意味し，ある種のコスト負担を生じている．社会全体でのコスト負担の総計が小さくなるようなシステム設計の必要性がしばしば謳われるが，その場合には，こうした市場化されていないコストも計量する必要がある．一方，PETボトルに関して，リターナブルボトルや，メカニカルリサイクルによる再生樹脂を用いたボトルが外国で使われている例があるが，日本の消費者は高い品質を求めるため，受容されにくいのではないかとの懸念がある．こうした消費者の手間や選好を，コンジョイント分析などを用いて定量化すれば，資源・環境面での効果と，社会的なコスト負担のバランスのとれた，より費用対効果に優れたリサイクルシステムの構築に資する知見が得られると考えられる．

c. 循環させる資源の特性に応じた地域の循環システムの設計

2003年の最初の策定から5年を経て，2008年に改訂された政府の第2次循環型社会形成推進基本計画では，「地域循環圏」の構築が計画の新たな柱に据えられている．地域循環圏は，様々な地域スケールにおいて，地域の特性や，循環させる資源の性質に適した循環システムを構築しようとするものである．

環境システム学分野では，生ごみや畜産廃棄物といった有機性廃棄物などを対象に，これらの処理・資源化のための施設の立地場所の最適化といった研究テーマが手がけられてきている．地域間の空間的な物質フローと，異なる部門間の物質フローとを統合した分析は，システム分析の強みを発揮しやすい課題であり，具体的な地域循環圏の設計は，環境システム学による循環型社会の創成への貢献における有望な研究テーマと考えられる．

また，PETボトルのリサイクルの事例でも触れたとおり，近年，2次資源の流通は国際化している．とりわけ，絶対量で見ても増加率で見ても，大きな資源需要を持つ中国が位置する東アジア地域は，国際的な物質循環の解明の重要な対象である．

d. エネルギーと物質の効率的利用のための統合的な評価

循環型社会を狭義にとらえた場合の主たる対象は，廃棄物問題やこれとかかわる資源の有効利用であるが，経済社会における資源，材料，製品などのフローの解明を進めると，これらがエネルギーのフローと密接にかかわっていることがわかる．前節で触れた物質フロー分析の手法は，物質・エネルギー分析という名称で使われる場合もあるが，物質としての質量バランスと，エネルギーの収支バランスとは，ほぼ同一の手法で扱うことができる．

本書においては，次節の低炭素社会の創成で主にエネルギーのシステム的な評価が扱われるが，物質とエネルギーに見られる共通性は，循環型社会の創成と低炭素社会の創成との間にも多くの共通点，接点があることを意味する．総じていえば，エネルギーの有効利用は資源消費の削減にも寄与し，資源の効率的利用や循環的利用はエネルギーの消費削減にも寄与する．すなわち，両者はWin-winの関係にあることが多い．

しかし，両者の間にトレードオフを生じる場合も少なくない．たとえば，低炭素社会における再生可能エネルギー技術として期待される太陽電池を大量に普及

させるためには，多くの新たな資源が必要である．ハイブリッド自動車や電気自動車の大量普及が見込まれているが，高効率の電池の生産のためには，これまであまり生産・利用されてこなかったレアメタルと呼ばれる金属が大量に必要となる．また，カーボンニュートラルなエネルギー源としてバイオマスの利用促進が謳われているが，燃料として利用できる成分を取り出した後の残渣の有効利用や適正処理が十分に行われていない場合があることも指摘されている．

循環型社会で主に扱う廃棄物・資源の問題と，低炭素社会で主に扱う温室効果ガス・エネルギーの問題は密接不可分である．環境調和型社会の創成においては，これら両者の統合的な評価が今後の重要な課題であり，環境システム学の真価が問われる研究対象といえよう．

e. 経済社会システムの物質循環と自然の循環の知見の統合

先に循環型社会の概念において，経済社会における物質循環と自然の循環について触れたが，図3.10は，少し見方を変えてこれらの関係をより詳細に表現したものである（森口，2005b）．

伝統的な環境学では，自然環境のなかにおける事象と，それが人間や生態系に与える影響の解明に主眼が置かれてきた．すなわち，図3.10の右側に表現された大気，水，土壌，生態系といった自然環境を構成する「圏」における事象が主

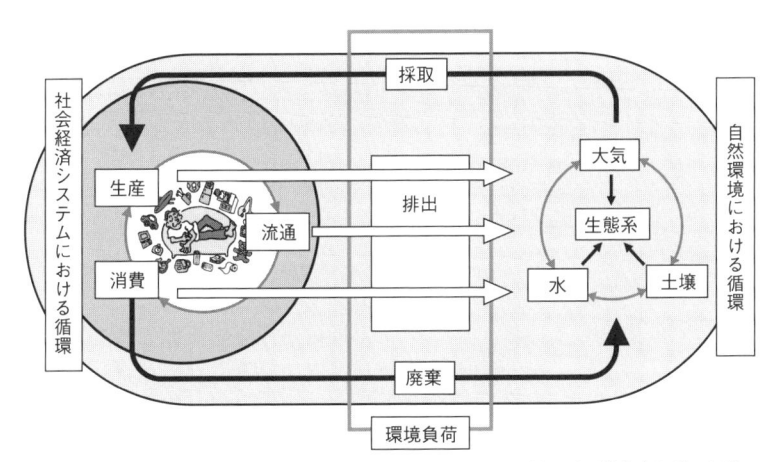

図3.10 社会経済システムにおける循環と自然観境における循環（環境白書掲載の図をもとに加筆修正）

たる研究対象であった．一方，経済学や経営学などの社会科学は，図の左側の経済社会システムが対象であり，技術開発などを扱う工学の主たる関心も，左側のシステムの改善に向けられてきた．

狭い意味での循環型社会を研究対象とする場合の主たる関心は，これら両者の間での物質のやりとり，すなわち資源の採取や廃棄物の排出に向けられるが，それを少し拡張すれば，化石燃料の採掘，利用と二酸化炭素の大気への排出も同じ図上で理解することができる．より広い意味での循環型社会の創成のために，環境システム学の知見を集成して役立たせるためには，この図をベースとして物質の循環を体系的に描くとともに，物質循環に伴う環境変化の知見や，それが人間の健康や生活環境，生態系に及ぼす影響に関する知見をも結合していくことが求められる．そうした環境システム学の体系化は実に挑戦的，魅力的な課題ではないであろうか．

[森口祐一]

3.2 低炭素社会の創成

3.2.1 エネルギー評価から見た低炭素社会の実現可能性

a. エネルギー技術革新と低炭素社会

技術革新によって地球環境問題を克服し，持続可能な低炭素社会をもたらすことは可能なのであろうか．

たとえばドイツのブッパータール研究所長のワイツゼッカーは技術開発の可能性に楽観的見通しをたてている．彼の著書である『地球環境政策』によれば，今後20〜50年間で再生不能資源の消費量が大幅に削減可能であるという．どうすれば，そのような削減が可能になるのか，以下ではワイツゼッカーのアプローチを概観しよう．

ワイツゼッカーは，20世紀は戦争の世紀であったが，21世紀は環境の世紀になると希望的に推定している．そこで，21世紀が環境の世紀となるための彼の基本戦略はこうである．20世紀においては，エネルギーは基本的に安価な原料であり，あまり大きな税を課されることはなかった．これに対し，労働者の所得（賃金）に課される税金は相対的に重く，このために企業は雇用を削減しようとする意思は持つが，エネルギーを節約する大きな動機は持たなかった．そこで，

21世紀においては，エネルギーに最初軽く徐々に重く税金を課すようにし，それと引き換えに労働者の所得税を徐々に軽くすることを提案している．こうすれば，エネルギーを節約し，効率のよいエネルギーシステムに移行する原動力が生まれるとともに，所得税の低下により新たな雇用を創出する力もはたらく，というのである．図3.11はこのワイツゼッカーの考え方を示したものである．図3.11で円の面積は，エネルギー需要の大きさを表しており，一番左の円が現在のエネルギー需要，右側の円ほど将来のエネルギー需要を示している．また，円の中の灰色部分は，太陽，風力などの再生可能なエネルギーの割合を示している．図3.11では，石油，石炭，天然ガス，ウランなどの再生不能エネルギーにかける税を徐々に重くしていくので，エネルギー消費を節約する動機が働き，円の面積（エネルギー需要）が小さくなっていく．また，税によって再生不能エネルギーの価格が高くなっていくため，円の灰色部分で示される再生可能エネルギーの割合が徐々に大きくなる．この2つの効果により，再生不能エネルギーの消費量は長期的には，格段に小さくなり，エネルギーの効率は大幅に高まる．ワイツゼッカーは，エネルギーシステムの効率をたとえば4倍あるいは10倍まで高めることすら可能であるとしており，これをファクター4とかファクター10とか呼んでいる．

ここで述べたエネルギーに対する税は，温室効果による気候変動の方がエネルギー資源の枯渇より重大であるとすれば，「炭素税」というように読み替えてもよい．すなわち，炭素税を課税当初は軽く，徐々に重く課していくとともに，所

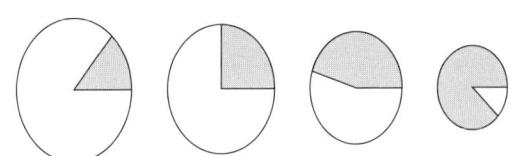

現行価格 ⇨ 2倍化 ⇨ 4倍化 ⇨ 8倍化
化石・原子力エネルギー価格の上昇の仮定

図3.11 再生不能資源消費量大幅削減の可能性（ワイツゼッカー，1994）
エネルギー需要と，ソーラー・エネルギーを含む再生可能なエネルギー源が到達可能な割合は一定とは限らない．それらは化石エネルギーと原子力エネルギーの価格に大きく依存する．このグラフは化石燃料，原子力燃料の価格が仮定されたとおりに上昇したとして，今後20～50年後のエネルギー需要（外側の円の大きさ）と，再生可能エネルギー（灰色部分）の割合をおおまかに予測したものである．

得税を徐々に軽減することにより，CO_2 削減と雇用の創出の両方を狙っているのである．炭素税の，地球環境と雇用問題の両面に与える上記のような効用を「二重の配当」と呼ぶ．

さて，上記のような戦略が実際に可能であるのか否か，その真偽を探るため，ここでは，最も単純なエネルギーシステムに関する考察からはじめ，技術的検討から経済的検討へと進んでいこう．

b. エネルギーシステムの技術革新と低炭素社会
鎖型エネルギーシステムのライフサイクル「効率」（松橋・石谷，1998）

エネルギーシステムとは一般に「エネルギー資源の採掘から，輸送，変換，最終利用（われわれが需要端においてエネルギーを利用することを指す．たとえば，乗用車用の燃料としてガソリンを利用する場合や，家庭の厨房でガスを利用する場合が最終利用である）に至るまでの複雑なネットワークシステム」と定義される．しかし，ここでは話をわかりやすくするため，非常に単純なエネルギーシステムを考えてみよう．いま，1次エネルギー（地殻から採掘され，加工されていないエネルギーを指す）として，1種類の化石燃料（たとえば天然ガス）が利用されていたとして，天然ガスが最終的に利用されるまでの流れが図3.12のような1本の鎖のように表されているものとしよう．これを鎖型エネルギーシステムと呼ぶ．鎖型エネルギーシステムは，最も単純化されたエネルギーシステムの一類型と見ることができる．

図3.12のようなエネルギーシステムにおいて，エネルギーの採掘から利用に至るまでの一連のプロセス構成（採掘，輸送，変換，最終利用）を，エネルギー資源の「ライフサイクル」と呼ぶ．これは，エネルギー資源が地球から採取され（生まれ），多様なプロセスを経たのち，最終利用に供され利用不可能な熱となって地球に放出される（死ぬ）までを人間の「ライフサイクル」になぞらえたものである．いま，最終利用端のエネルギー需要から，エネルギー資源の必要量を算定するには，各プロセスのエネルギー効率を掛け算することによるライフサイク

```
  ○──▶──○──▶──○──▶──○
  採掘   輸送   変換   最終利用
    ○     ：サブシステム
  ───▶    ：エネルギーフロー
```

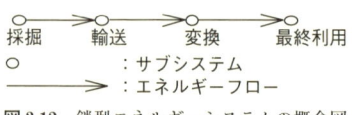

図3.12 鎖型エネルギーシステムの概念図

ルエネルギー効率を求める必要がある．

ライフサイクル「効率」改善と低炭素社会の実現

　低炭素社会の実現といった場合，2020年頃を目指した中期目標と，2050年頃を目指した長期目標がある．ここでは中期目標を考えてみよう．日本政府は，日本の中期目標値として，エネルギーシステムからのCO_2排出量を1990年と比べて2020年までに25%削減するとしている（2005年と比べると30%の削減）．すなわち，15年で30%削減しなければならないことになる．エネルギーシステムに関する専門家の意見を総合すると，このようなCO_2削減をもたらすエネルギーシステムの効率向上は容易ならざるものであるが，その可能性を考察してみる．実際には目標達成には排出権など海外での削減分も含まれる可能性があるが，ここでは簡単のため，国内でのみ削減する場合の評価を行う．いま，最終利用端でのエネルギーの需要が15年間で変わらないものとしよう．その場合，ライフサイクル効率を15年間で30%向上させるような技術開発を行えば1次エネルギーの消費量を30%低減できるため，目標が達成できることになる．では，どういった技術開発を行えばよいのであろうか．

　たとえば天然ガス採掘の際には，日本に輸送するため液化する必要があるが，その液化のエネルギー効率を向上させるとか，輸送タンカーの航行効率を向上させるということでもよい．あるいはエネルギー変換プロセスとしての発電効率を向上させることでもよい．または，家庭において電気を消費する家電製品の効率を上げることでもよい．エアコンのカタログを詳しくご覧になったことがあるであろうか．エアコンの性能を表す指標の1つとしてAPF（annual performance factor：通年エネルギー消費効率）と呼ばれるものがある．APFとはエアコンの1年を通した平均のエネルギー効率を測る単位であり，1 kWhの電力で5 kWhの熱を部屋の外から内へ（暖房），あるいは内から外へ（冷房）かき出せるときにAPFは5であるという．したがってAPFの高いエアコンほど，同じ部屋の冷暖房をする場合でも消費電力が少なくてすむのである．同じような観点からテレビの消費電力を比較してみてもよい．テレビはブラウン管のサイズによっても消費電力が異なるが，最近では，プラズマテレビや液晶テレビなどブラウン管を用いない新しいテレビが広く用いられている．液晶テレビの消費電力は，一般にブラウン管テレビより小さい場合が多いため，ブラウン管によるテレビから液晶テレビに買い換えるといったことでもエネルギー効率の向上になる．こういったラ

イフサイクル各部の効率向上によって，ライフサイクル全体で 15 年間に 30% の効率向上を達成すればよいことになる．

それでは，今度はやや性質の異なる技術革新を考えてみよう．いま，天然ガスを燃料とする火力発電に代わって太陽光発電を用いた場合を考えてみよう．太陽光発電は，原理的には太陽光エネルギーを電気エネルギーに変換するものであるから，直接化石燃料を利用するわけではない．したがって，化石燃料を起源とする上記の鎖型エネルギーシステムのなかには当てはまらないように思える．

しかし，もう少し考えてみよう．太陽光発電システムの構築は，シリコンウエハの製造，製造されたシリコンウエハのセル化，セル化された太陽電池のモジュール化，周辺装置（いわゆる BOS）の付加の四段階に分けられ，各段階において様々な原材料が投入される．

そして，このような材料を製造するにはエネルギー資源が必要である．たとえば，太陽光発電システムのアルミニウム枠やガラス，鉄の架台を製造する際には化石燃料が投入されている．したがって，天然ガスの発電所のように直接化石燃料を利用しているわけではないが，間接的にはやはり化石燃料を利用しているのである．いま，われわれが考慮したいのは，無限にふりそそぐ太陽光のエネルギーを計測することではなく，限りある資源である化石燃料などの再生不能エネルギーをどの程度消費したか，そして気候変動を引き起こす温室効果ガスである CO_2 をどの程度発生するかである．したがって，ここでは太陽光発電が直接利用する太陽光エネルギーの計測をわれわれの頭からはずし，間接的に原料製造に消費される再生不能エネルギーの方を評価に含めることを考える．そのために，直接燃料として消費したエネルギーだけを考慮する狭い意味での効率の概念から，間接的に消費されたエネルギーをも統合する広い意味での「効率」の概念に拡張する．以後，この「効率」の指標を，狭い意味での効率に「」をつけて「効率」と呼ぶことにする．つまり，「効率」の分子には，火力発電なり太陽光発電の出力である電気エネルギーをとり，分母には，燃料として投入された再生不能エネルギーと設備製造のために間接的に投入された再生不能エネルギーの和をとるのである．たとえば，火力発電において，投入された燃料のエネルギーが 100 で発電された電気のエネルギーが 40 である場合，通常の発電効率は 40% である．ここで，発電所の製造などに投入された間接的なエネルギーを分母に加えたのが「効率」である．ただし，火力発電においては，燃料として投入されているエネ

ルギーは発電所の製造のために投入されているエネルギーよりはるかに大きいため，「効率」は，先に述べた 40% とほとんど変わらない．通常の効率と「効率」が大きく変わるのは，太陽光発電や風力発電のような場合である．この場合，燃料として投入される化石エネルギーはない．太陽光発電の「効率」は，降り注ぐ太陽エネルギーを電気のエネルギーに変換する発電効率ではなく，分母に太陽光発電の製造に投入された再生不能エネルギーを置き，分子に発電された電気のエネルギーを置く（図 3.13）．

このように定義すると，太陽光発電システムのように直接燃料を消費しないものも，天然ガスの発電所と同じように評価することが可能となる．また，同様に化石燃料の消費量を求めることで，太陽光発電システムと火力発電システムの直接・間接の CO_2 排出量を比較することもできる．このようにして比較した結果を図 3.14 に示す（早見ほか，2000）．

この図から，次のようなことが読み取れる．まず太陽光発電システムの CO_2 排出量は，石炭，石油，天然ガスなどの火力発電よりもはるかに小さい．次に，太陽光発電システムの CO_2 排出は設備の製造に起因しているのに対して，火力発電の場合は，ほとんどが経常運転すなわち燃料の燃焼によって生じている．さらに，この棒グラフの高さから太陽光発電は，化石燃料を利用しない（CO_2 を発

図 3.13　オフィスビル屋上に設置された多結晶太陽光発電システムの例

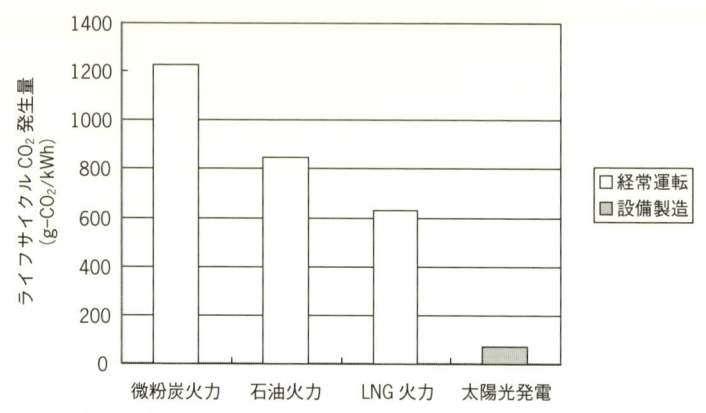

図 3.14 太陽光発電システムと火力発電システムのライフサイクル CO_2 排出量の比較
（早見ほか，2000）

生しない）発電技術というわけではなく，化石燃料を「効率」よく利用して CO_2 の発生を少なくする技術である．すなわち，自然エネルギー利用技術も，上述したエアコンやテレビと同様に，「効率」向上の技術の一種であるといえる．

そして，エネルギーシステム全体でライフサイクル「効率」を高めていき，このライフサイクル「効率」の向上が目標値を超えることが，低炭素社会の実現のために必要なのである． ［松橋隆治］

3.2.2 低炭素社会に向けた経済性評価

a. CO_2 排出削減の要因と経済成長

CO_2 排出削減技術には，再生可能エネルギー，低炭素燃料への転換，省エネルギー，CCS など様々なものがある．その経済性について論じるために，茅方程式（Kaya et al., 1989）として知られる恒等式を利用しよう．茅方程式とは，CO_2 を CO_2 排出量，E をエネルギー消費量，GDP を国内総生産として，

$$\Delta CO_2 = \Delta\left(\frac{CO_2}{E}\right) + \Delta\left(\frac{E}{GDP}\right) + \Delta GDP \tag{1}$$

によって表される恒等式である[*1]．つまり CO_2 排出量の変化は，エネルギーの

---

*1：恒等式 $CO_2 = (CO_2/E) \cdot (E/GDP) \cdot (GDP)$ の時間微分をとることによって導かれる．人口 P の影響を陽に考慮して $\Delta CO_2 = \Delta(CO_2/E) + \Delta(E/GDP) + \Delta(GDP/P) + \Delta P$ と表記することもある．

炭素強度（CO_2/E）の変化，GDP 当たりのエネルギー消費量（E/GDP）の変化，ならびに経済成長（GDP）の変化の和として表すことができる．すなわち CO_2 排出量を減らす方策は，①エネルギーの炭素強度を下げること，②エネルギー消費効率を高くすること，③経済成長率を下げること，に分けることができる．環境保全と経済成長の両立を目指す観点からは，経済成長率の低下は回避しなければならないので，前二者①あるいは②の対策をとることになる．具体的にはエネルギーの炭素強度を低下させる対策としては，新エネルギーの普及や低 CO_2 排出の燃料への転換などがあげられる．またエネルギー消費効率を高くするための具体的項目は，文字通り各種プラントにおける高効率機器の導入，省エネ家電の普及などがある．

図 3.15 は 1980 年から 2007 年までの日本の CO_2 排出量の年次変化を，式 (1) を用いて分解したものである[*2]．オイルショックの影響で産業部門において省エネルギーが進んだ 1980 年代は，E/GDP の減少が GDP の増加を相殺する形となっている．省エネの余地が小さくなった 1990 年代以降は CO_2/E の変化が GDP の変化とともに CO_2 排出量の変化に影響を与えているが，CO_2/E の値は実は原子力発電の稼働率（図 3.16）に大きな影響を受けている．すなわち CO_2/E が増加（減少）している年は原子力発電の稼働率が前年比で増加（減少）する

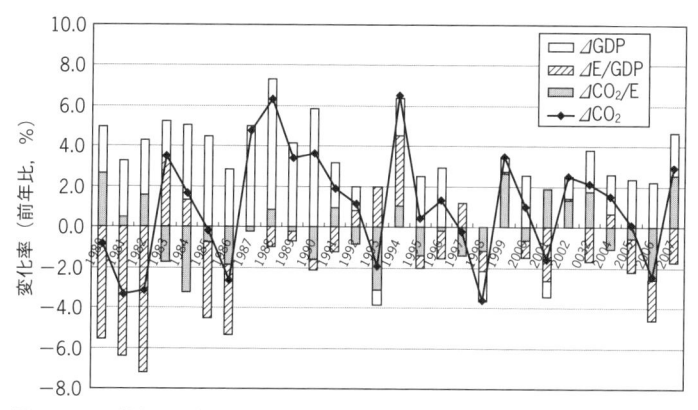

図 3.15 CO_2 排出量の年次変化とその要因（日本エネルギー経済研究所，2007 などを参考に筆者作成）

[*2]：1 年ごとの変化率であるので，このとき式(1) は近似式としてのみ成立する．ただし左辺と右辺の差である残差はいずれの年次変化でもきわめて小さい．

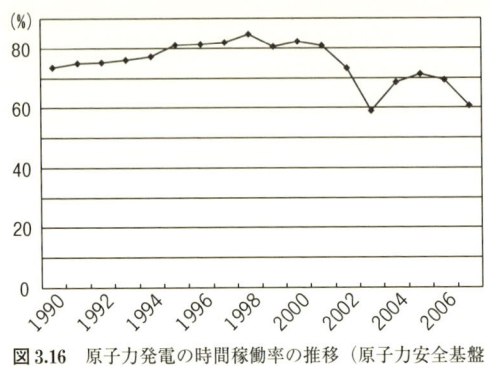

図3.16 原子力発電の時間稼働率の推移(原子力安全基盤機構安全情報部)

傾向にある．特に2000年以降における不祥事や天災などによる原子力発電の設備稼働率の低下は，CO_2排出量の増加に大きな影響を与えている．またGDPの変化は当然CO_2排出量に大きな影響を与えるが，2000年以降はそれ以前に比べて影響が相対的に小さくなっている．

以上のようなトレンドからは既存の技術の延長線上では，今後の日本において経済成長を維持しながらCO_2排出を大幅に削減することは容易でない．すなわちCO_2/E，あるいはE/GDPを減少させる具体的な技術革新が必要であり，その具体的な例として，新エネルギーなどによるCO_2/Eの低下，革新的な省エネルギー技術などによるE/GDPに期待することが必要になるであろう．

b. CO_2排出削減技術の経済性

CO_2排出削減技術の多くは，化石燃料の消費量を減らすことによって同時に光熱費用の削減につながる．しかしながら削減技術の多くは初期投資費用が高いことが普及のハードルとなっている．したがって削減技術の経済性は，初期投資費用を光熱費用の低減によってどの程度の期間で回収できるかという指標によってしばしば評価される．最も単純なものが「単純投資回収期間」で，これは時間的な割引率を考慮せず，初期投資費用を単位期間当たりの光熱費用の削減額で除すことによって定義される．単位期間を1年とするときには単純投資回収年数という．また時間的な割引率を考慮した経済性の指標には「内部収益率(IRR：internal rate of return)」がある．プロジェクトファイナンスなどで用いられるこの指標は，正味現在価値(NPV：net present value)が0となる割引率として定義さ

れる．ここで NPV は，対象期間において現在価値換算したキャッシュフローの総和であり，以下の式で与えられる．

$$NPV = \sum_t^T \frac{CF_t}{(1+r)^t} \quad (2)$$

ここで，CF_t は t 期のキャッシュフロー（収入から支出を差し引いたもの），r は割引率である．通常は CF_0 が初期投資費用に相当して負の値となり，これを以降の期間の CF_t（正の値）で取り戻すという形になる．IRR は上述のようにこの NPV が 0 となる割引率 r の値である．したがって任意の IRR の値について，もし借り入れ金利（割引率）が IRR の値より小さければ収支がプラスになるという判断ができる．単純投資回収期間は評価する全体の期間の長さによらない指標であるが，IRR は式 (2) における T のような期間の長さに依存する指標であることに注意する．IRR は単純投資回収期間ほど直感的な指標ではないため，図 3.17 に毎期の収入が一定の場合について，IRR と単純投資回収年数の関係を示しておく．たとえば単純投資回収年数が 5 年の省エネ技術を導入して 20 年間使用するときの IRR は約 0.2 となる．

CO_2 排出削減技術を導入する際には，これらの経済性指標（単純投資回収期間，内部収益率）と，意思決定者の各指標に対する閾値を比較して，導入のメリットが大きい場合には当該技術を導入することになる．たとえば短期的な利益を追求する傾向のある事業者の場合，単純投資回収年数が 3～5 年程度以下とする厳しい投資の閾値を持つこともあるが，一般の消費者では 8～10 年程度の投資回収年数を許容する割合も高くなるといわれる．また事業者による海外の技術移転プロ

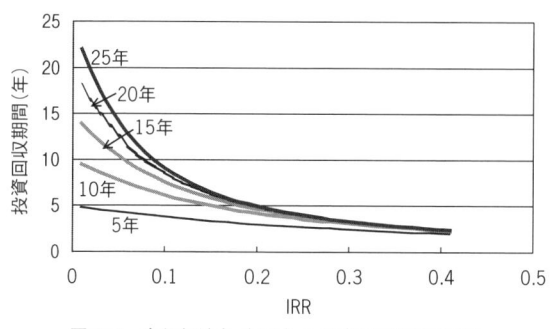

図 3.17 内部収益率（IRR）と投資回収期間の関係
（毎期に等額で回収する場合）

ジェクトでは 15～20% 程度以上の IRR を閾値（ハードルレート）とするといわれるが，この場合には単純な経済性だけでなく，事業のリスクを織り込むことで閾値がより高くなっている．各指標の閾値をクリアする技術は，実行することで損はないという意味で「ノーリグレット（No regret）対策」といわれる．具体的な CO_2 排出削減技術では，ハイブリッド自動車や住宅用太陽光発電は，石油価格の高騰や政府による補助金政策などによって，近年ではノーリグレット対策になりつつある．新築住宅の断熱施工や省エネ家電への買い替えなどもノーリグレット対策の代表的なものといえる．

次にノーリグレットとはいえない技術について考えよう．単純投資回収期間が閾値を超える場合や，IRR が負の値になる場合であり，このような技術を導入させる場合には，経済性でなく CO_2 排出の削減自体に意味を持たせる必要がある．「限界削減費用」は現状の排出量から1トンの CO_2 排出を削減するための費用を意味する指標であり，技術の CO_2 削減の経済的効率性を評価するための指標としてしばしば用いられる[*3]．ここで「限界」とは経済学において微分を意味する用語で，「限界削減」とは1単位の（微量の）排出量を追加的に削減することを表す．限界削減費用はその追加的な削減に対する削減単価となる．「限界削減費用」は単純投資回収期間や IRR と異なり，CCS や森林管理のように省エネルギーを伴わない炭素吸収・隔離技術に適用でき，すべての CO_2 排出削減技術を横並びで比較できる指標である．CO_2 排出の限界削減費用は技術によって異なるが，これを小さい順に並べて図示したものが限界削減費用曲線である（図3.18）．図 3.18 では4つの技術（AB, CD, EF, ならびに GH）の限界削減費用

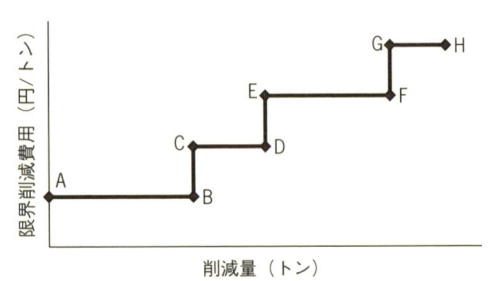

図 3.18　限界削減費用曲線の例

[*3]：ノーリグレット技術の限界削減費用は負の値となる．

を例示している．技術 AB は最も限界削減費用が小さく，かつ削減ポテンシャル量も大きい．技術 AB, CD, EF, GH の順に限界削減費用が大きくなるので，経済効率性の観点からは優先して実施すべき技術もこの順になる．このように限界削減費用曲線は増加関数として描かれるが，これは「限界費用逓増」と呼ばれる性質を表現するものである．つまり現状から追加的な削減をするとき，最初の削減（AB）の費用よりも後の削減（CD, EF, GH）の費用が順に大きくなることを表している．このように限界削減費用は，排出削減の観点から技術の優先順位を示す指標であり，省エネルギーを伴わない技術（CCS など）を含めて様々な技術の比較を可能にするものである[*4]．

複数の主体の間（事業者間，地域間，国家間など）で経済合理的に CO_2 排出を削減するときには，結果的に削減する主体間での限界削減費用はすべて等しくなる．なぜなら仮に限界削減費用の大きい主体①と小さい主体②の 2 者が存在するような不均衡な状態で CO_2 排出削減の必要があるとき，まず限界削減費用の小さい主体②における削減が優先され，削減が進むことによって主体②の限界削減費用は主体①と同じ大きさになるからである．さらに削減が必要なときには両者の限界削減費用がちょうど等しくなるように両者で削減をする．

環境税や排出量規制のような環境管理手法は限界削減費用をシグナルとして各主体における合理的な削減を動機づける仕組みである．図 3.19 は 3 つの削減主体の限界削減費用曲線を図示したものである．主体①，②，③の順に削減に要する費用が大きい．たとえば点 A の水準の環境税を課すとすると，主体①，②，

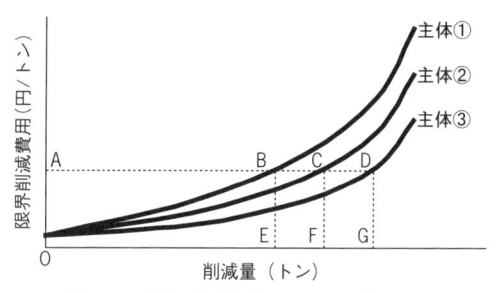

図 3.19　複数の削減主体の限界削減費用曲線

[*4]: 限界削減費用に対して平均削減費用という指標もある．これは削減に要した総費用を削減総量で除して得られ，要素技術の比較ではなく，削減実績全体の評価などに用いる．たとえば図 3.18 では H まで削減したときの平均削減費用は原点と点 H を結ぶ直線の傾きとなる．

③はそれぞれ点 E, F, G の水準まで自ら実施する削減技術を導入することになる．なぜなら点 E, F, G の水準までは各主体の限界削減費用が課税額よりも安くなるからである．しかしながら，各主体はそれ以上の削減は行わない．いうまでもなく限界削減費用が課税額よりも高くなるからである．このように環境税に対する対応は，各主体が自らの限界削減費用に応じて削減量を決めることになる．

次に排出量規制であるが，たとえば点 F の水準で 3 主体に等しい削減量の規制を課したとき，3 主体合計で都合 $OF \times 3$ の削減量を全体として義務づけられていることになる．このとき明らかに各主体の限界削減費用には差異があり，主体①が削減のための費用が最も大きく，主体③が最も小さくなっている．今単純化のため $EF = FG$ とすると，主体③が G まで，主体①は E まで削減をすることで，当初の 3 主体に等しい削減水準 OF を実現するよりも少ない費用で，社会全体の排出量規制を達成することができる．つまり排出量取引は，主体③の超過削減量 FG を裏づけとして発行された排出許可証を主体①が買い取ることによって，主体①の削減を当初の削減規制量 OF よりも少ない削減量 OE とすることを可能にする制度である．

以上のように，社会全体の費用が最小となる場合には限界削減費用が主体間で均等化される．限界削減費用の均等化は環境管理手法が環境税であろうと排出量規制であろうと同様であることに留意する必要がある．

具体的な技術の限界削減費用について述べると，エネルギー変換部門では，原子力発電や高効率火力発電の限界削減費用が比較的安価である一方，再生可能エネルギーの限界削減費用は総じて数万円/t-CO_2 以上といわれる．住宅用太陽光発電のように政府による普及施策によってノーリグレットに近くなることもあるが，技術単体の費用としては現状では高価な技術といえる．一方，家庭部門では限界削減費用の小さい対策がかなりある．自らの消費エネルギー量を認識していない世帯も少なくなく，住宅の断熱がきわめて低い場合や，低効率の機器（家電）が使用されている例も多い．主に家庭部門での対策の有効性が叫ばれているのはこれらのことが背景にある．

製造業を中心とする産業部門はコストに敏感である上，前述のように石油ショック以降省エネ対策をいち早く実施してきたこともあって，限界削減費用の小さ

---

*5：それでも特に中小企業では効率改善の余地も残されている．

い削減対策はあまり多くない[*5].もちろん鉄鋼業でのコークスに代わる代替燃料（水素・廃プラスチックなど）による還元などのようにCO_2削減ポテンシャルの大きな技術もあるが，限界削減費用は数万円/t-CO_2以上と高価である．現実に市場において数千円/t-CO_2程度の価格で排出削減クレジットが取り引きされていることは，裏づけとしてその市場価格に相当する削減技術が存在することにほかならない[*6].温暖化問題が地球規模の環境問題である以上，限界削減費用がより大きな技術を優先することを期待することは少なくとも経済性の観点からは難しい．そこで産業部門での対策は日本で導入した技術を，途上国へ移転するような形が優先されることになる．

ただしこれらの議論は，追加的な1単位の削減量に対して導入すべき対策は何か，つまり最初に導入すべき限界削減費用の小さい技術は何かという問題に対する答えであり，特に長期的な視野で大幅にCO_2排出削減を実施しようとする場合には状況は異なる．つまり必要な削減量に対して費用最小の削減オプションの組み合わせが決まるので，大幅なCO_2排出削減を目指す場合には，先進国でも限界削減費用の大きな技術を導入することが必要である．日本の産業部門も率先してCO_2排出削減技術を開発することが必要であるし，またそのような厳しい排出量規制の下ではそれが経済合理的になる．長期的には低炭素社会を構築するために現時点で多少経済性の低い対策も受け入れざるをえなくなるであろう．

[吉田好邦]

3.2.3 先端技術の紹介：CCSシステム

以上，低炭素社会実現に向けての技術導入や経済的な側面からの解説を行ったが，ここでは，低炭素社会実現に向けて期待される要素技術の一例としてCCSシステムを紹介する．

a．CCSシステム

何も対策をとらなければ大気中に放出され地球温暖化を促進するCO_2を，何

[*6]：各国に割り当てられたAAU (assigned amount unit) クレジットの取り引きではホットエアのように技術の裏づけがない場合もあるが，クリーン開発メカニズム（CDM: clean development mechanism）によって発行されるCER (certified emission reduction) クレジットの取り引きでは，技術の限界削減費用が理論上は市場取引価格となる．

らかの方法で回収し，それを大気中に放出されないように貯留あるいは固定する方法を CCS（carbon capture & storage, carbon capture & sequestration, CO_2 の分離・回収貯留(固定, 隔離)）と呼んでいる．CCS は，

① CO_2 の分離回収
② CO_2 の輸送
③ CO_2 の貯留（固定）
④ 貯留した CO_2 のモニタリング

のプロセスからなっている．

CO_2 の分離回収

CO_2 発生源　化石燃料を燃焼させてエネルギーを確保しようとすれば，CO_2 が発生する．この発生源としては，発電所，工業プロセス（セメント工場，製鉄所，バイオマス燃焼など），輸送分野，一般家屋や商業用ビルなどがある．

2000 年の世界の化石燃料起源の CO_2 放出量は 23.5 Gt/年（あるいは 6 GtC/年）であった．このうち約 60% が定置型大規模 CO_2 発生源からの発生である．表 3.5 に大規模発生源からの CO_2 放出量を示す．定置型とは発電所やセメント工場のように発生源が移動しないものを指す．現在 CO_2 分離・回収の対象となっている発生源は定置型のものである．また経済的な理由から大規模発生源が対象となっている．大規模発生源からの CO_2 濃度は大部分は発電所であり，その CO_2 濃度は 15% 以下である．また，95% 以上の高濃度発生源は CO_2 発生量の 2% 以下である．一方，自動車のように移動式の CO_2 発生源もあるが，これらは分離回収の対象にはなっていない．

表3.5　世界の大規模 CO_2 発生源からの CO_2 発生量
(0.1 Mt CO_2/年の発生量以上の発生源)（2000 年）

	プロセス	発生源の数	発生量 (MtCO_2/年)
化石燃料	電力	4942	10539
	セメント	1175	932
	製油所	638	798
	製鉄	269	646
	石油化学	470	379
	石油・ガス精製	N/A	50
	その他	90	33
バイオマス	バイオエタノール，バイオ燃料	303	91
総　　計		7887	13466

CO_2の分離回収　　CO_2分離回収の目的はCO_2濃度の高いガスを製造することである．前項で述べたように世界の主要CO_2発生源である火力発電所から排出されるCO_2濃度は15%以下であり，それをなるべく高濃度にして回収する．

現在工業的に大規模に採用されている火力発電所の排ガスからのCO_2回収方法は，燃焼後回収，燃焼前回収の2方法である．このほか，実用化試験段階であるが酸素燃焼も考えられている．

①燃焼後回収：　現在の発電所などで最も広く普及している方法である．化石燃料を燃焼させたあとの排ガス中のCO_2を分離・回収するものである．この場合のCO_2濃度は，石炭火力発電所で約15%，石油火力発電所で約12%で，天然ガス発電所で約10%である．このようにCO_2濃度が低いので，高濃度CO_2にするには大きなエネルギーを必要とする．

②燃焼前回収：　化石燃料をガス化し，ガス中のCO_2を回収する．CO_2を除去した後，可燃成分ガスを燃焼させて発電などに利用する．この方法では，燃焼後燃焼の排ガス中のCO_2濃度より高い濃度のCO_2を分離するので，回収効率は高くなる．ガス化複合発電などと組み合わせる．

③酸素燃焼：　燃焼後のCO_2濃度が低くなるのは燃焼に窒素の入った空気を使用するためである．空気の代わりに酸素を用いて燃料を燃焼させ，高濃度（濃度80%以上）のCO_2を直接製造する方法である．酸素を製造する場合に，空気から酸素を分離する必要がある．酸素燃焼では，酸素濃度95%以上の酸素が必要である．実用化試験段階である．

またCO_2の固定という観点から見ると，CO_2の工業的利用もCO_2回収方法と考えられる．

回収技術としては，化学吸収法，物理吸収法，膜分離法，深冷分離法などがある．

CO_2回収コストは回収前のCO_2濃度，回収プロセスの種類によってある程度の幅があるが，30～50 US\$/t-CO_2の範囲にある．

CO_2の輸送

CO_2発生源が，たとえばCO_2地中固定地と離れている場合には，CO_2の輸送が必要になる．CO_2の輸送には，天然ガスの輸送と同じように，パイプラインと船舶（タンカー）による輸送が主流である．後者は，輸送距離が長い場合や海外への輸送に採用される．自動車による輸送も可能であるが，パイプラインやタン

カーと比較して経済的に不利であり，大規模なCO_2輸送には不適である．米国では，テキサス州の石油開発でEOR (enhanced oil recovery：石油の増進回収法) を使用しているため，それに使用するCO_2を米国中部のCO_2ガス田から輸送している．その距離は2500 kmにも達している．長距離パイプライン輸送では，輸送距離に応じて何箇所かでブースターによりガス供給圧をあげる必要がある．

CO_2貯留

地中貯留 現在大気中に放出されているCO_2の大部分は，化石燃料の燃焼によるものである．その化石燃料が存在していた地下にCO_2を貯留し，カーボンサイクルを形成しようというのは，ごく自然な発想といえる．地中貯留の対象となる地層は，石油層，天然ガス層，石炭層，塩水層などである．

①石油層： 石油層に関しては，現在すでに石油の増進回収法 (EOR) の1つとしてCO_2を油層内に注入して，石油の流動性を高め地下残留石油を増進回収する方法（ミシブル攻法）が採用されている．枯渇油田にはCO_2を注入，貯留できる．

②天然ガス層： 枯渇天然ガスにCO_2を注入，貯留する．天然ガスの増進回収にCO_2を利用することもできる．

③石炭層： 石炭中にはその石炭化過程で発生するメタンが含まれている．そのメタンの増進回収にCO_2が利用できる（ECBMまたはECBMR：enhanced coalbed methane recovery）．石炭層へのガスの包蔵原理は主として吸着である．これは，石油層，天然ガス層でのCO_2貯留原理が，岩石中の空隙内へのCO_2保持であるのと大きく異なる点である．

④塩水層： 地下には塩水を包蔵する空隙性の岩石が存在する．その塩水中にCO_2を溶解させて貯留する．

⑤その他（鉱物化固定，地下空洞への貯留など）

世界の代表的なプロジェクトを表3.6にまとめた．CO_2地中貯留可能量の推定値を表3.7に示す．

海洋貯留 CO_2海洋貯留には大別して2種類の方法がある．溶解法と貯留法である．前者は，深度1000 m以上の海中に，パイプラインあるいは船舶によってCO_2を放出し，時間とともに海中に溶解させる方法である．後者は，海洋底に液体でCO_2を湖のように貯留する方法である．深度3000 m以上ではCO_2は海水より比重が大きくなり，CO_2は海底に向かって沈下する．溶解法では，CO_2

表3.6　世界の主要 CO_2 地中貯留プロジェクト（注入量は当初計画値）

プロジェクト名	国　名	注入開始年	平均注入量 (tCO_2/日)	（計画）総注入量 (tCO_2)	貯留層タイプ
Gorgon	オーストラリア	2009	10000	—	帯水層
Weyburn	カナダ	2000	3000–5000	20000000	EOR
In Salah	アルジェリア	2004	3000–4000	17000000	ガス田
Sleipner	ノルウェー	1996	3000	20000000	帯水層
Snohvit	ノルウェー	2006	2000	—	帯水層
K12B	オランダ	2004	100	8000000	EGR
Frio	米国	2004	177	1600	帯水層
Fenn Big Valley	カナダ	1998	50	200	炭層
しん水炭田	中国	2003	30	150	炭層
夕張	日本	2004	10	200	炭層
Recopol	ポーランド	2003	1	10	炭層

表3.7　CO_2 地中貯留可能量

貯留層タイプ	貯留可能量（Gt CO_2）
石油・ガス田	675～900
石炭層	3～200
帯水層	1000～10000 程度

は地球規模の炭素サイクルのなかで大気の CO_2 濃度と関係して平衡状態となる．海洋中に CO_2 が溶存すると，海水の pH は低下するため，その生態系への影響などが研究されている．

鉱物固定　CO_2 を酸化マグネシウムや酸化カルシウムなどのアルカリ酸化物と反応させて，炭酸マグネシウムや炭酸カルシウムに変化させて固定する．酸化マグネシウムや酸化カルシウムは，自然界では蛇紋岩，かんらん岩などに含有されている．この反応は自然界では，いわゆる「風化」と呼ばれているプロセスに相当する．工業的な規模のプロセスでは，岩石の採掘―微粉砕―反応工場への輸送―プラントでの炭酸塩化反応―鉱山への輸送・処理（鉱山でのリクラメーションへの利用など），という工程となる．炭酸塩鉱物を製造して CO_2 を固定する場合には，CO_2 固定量1トン当たり1.6～3.7トンのケイ酸塩鉱物が必要であり，その結果2.6～4.7トンの炭酸塩鉱物を処理する必要がある．CO_2 を大量に処理するには大型露天鉱山規模の鉱石の採掘・輸送が必要となり，その環境影響も考慮する必要がでてくる．また，現状技術では反応速度が遅く，したがって処理量が

小さいため，現在の CO_2 放出量には十分対応できない課題もある．

経済性

CCS システムが社会に受けいれられるかどうかは，まず他の工業的な新技術と同様に，システムの経済性にかかっている．

CCS を新規に採用して CO_2 の大気放出を減少させた場合，その減少量は CO_2 avoided という概念で評価する．ある既存 CO_2 放出プラントに CCS を採用した新規プラントに変更して稼動する場合，CO_2 削減量は，

［新規プラントでの CO_2 発生量－新規プラントでの CO_2 放出量］
＝［新規プラントでの CO_2 回収量］

ではなく，

［既存プラントの CO_2 放出量］－［新規プラントでの CO_2 放出量
－新規プラントでの CO_2 回収量］

となる（図 3.20）．したがって，同じ CCS 技術であっても，この技術をどの既存プラントに適用するかどうかによって，CO_2 削減量は変わってくる．この CO_2 削減量をもとに計算した単位 CO_2 放出量当たりのコストを CO_2 削減コスト (cost of CO_2 avoided) という．

最後に，現在の CCS に関する技術レベルをまとめると表 3.8 のようになる．研究段階のものから商業ベースのものまで，いろいろな技術レベルのものが存在

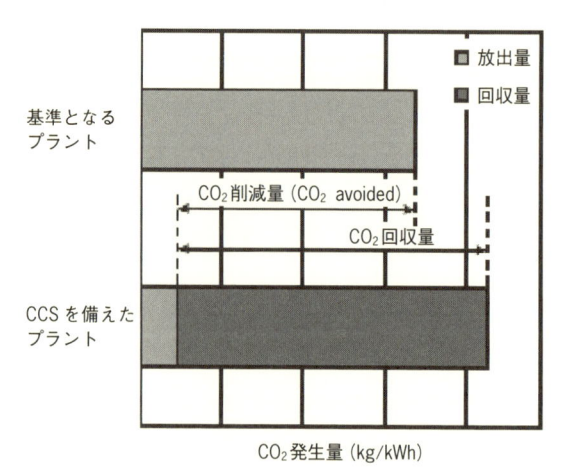

図 3.20 CCS による CO_2 削減量（CO_2 avoided）(IPCC, 2005)

3.2 低炭素社会の創成

表3.8 CCS要素技術の技術レベル

CCS技術分類	CCS技術	研究段階	デモプラント段階	ある条件下では経済性あり	現行技術
分離・回収	燃焼後回収			○	
	燃焼前回収			○	
	酸素燃焼		○		
	工業プロセス				○
輸送	パイプライン				○
	タンカー			○	
地中貯留	石油の増進回収 (EOR)				○
	ガス田・石油田			○	
	帯水層			○	
	コールベッドメタンの増進回収 (ECBMR)		○		
海洋貯留	直接注入 (溶解方式)	○			
	直接注入 (湖沼方式)	○			
鉱物固定	炭酸塩鉱物	○			
	廃棄物		○		
工業的利用					○

する.

b. 地中貯留の原理

地下のCO_2

CO_2地中貯留の対象地層としては，石油層，ガス層，塩水層，炭層などがあることを前に述べた．CO_2を地中に貯留するという発想は特に奇抜なアイデアではない．自然界ではCO_2ガス田が存在するし，天然ガスや炭層ガスのなかにはメタンのほかにかなりの濃度のCO_2を含んだガスも世界には存在する．これらは堆積盆地やプレート造山活動付近の火山地域，断層帯などである．

実際に地下にCO_2を貯留した場合の深さによる密度変化を予想した図が，図3.21である．地表温度15°C，地温勾配25°C/km，静水圧を仮定している．深度800 m付近で，CO_2は超臨界状態になる．図中の立方体は地表での状態との容積比を示している．深度800 m以上では容積比が小さくなっているのがわかる．深度1500 m以上ではCO_2密度の変化は小さい．

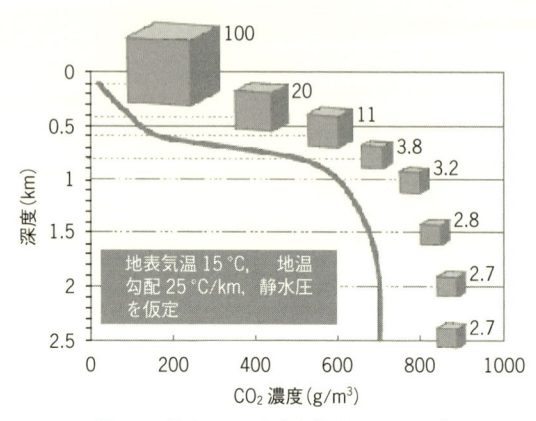

図 3.21　地中の CO_2 密度変化 (IPCC, 2005)

地中貯留のメカニズム

流体を地下にとどめておくことのできる構造をトラップ (trap), またとどめておくことをトラッピング (trapping) という. CO_2 を地中に貯留するには物理的トラッピングと地化学的トラッピングとを利用する.

物理的トラッピング

構造トラッピング (structural trapping): 非常に浸透率の小さいシール構造 (caprock：帽岩) をもった堆積構造は, CO_2 貯留には最適な構造である. これらの地層としては頁岩, 泥岩, 岩塩などがある. 堆積盆地では塩水, 石油, 天然ガスを貯留した密閉型の構造トラップが存在する. 構造トラッピングには断層や破砕帯でトラップが形成されたものもある. 断層は場合によっては低浸透率帯として作用するが, ときには高浸透率帯となる場合もある.

層序トラッピング (stratigraphic trapping): 堆積層の隆起や沈下により, 上部に位置する岩石の種類が流体の貯留に都合のよい条件をつくりだして, CO_2 が貯留される様式を層序トラッピングという.

残留トラッピング (residual trapping): これは密閉型のトラップを有しない塩水層などで起こる. いったん地層中に侵入した CO_2 が地下水と完全に置換せず, 地下水の流入により地層中に取り残される. これは, 岩石中にある毛細管構造での水と CO_2 の流動特性の違いによって生じる. CO_2 が取り残されることから残留トラッピングと呼んでいる.

地化学的トラッピング (geochemical trapping)　地化学的ラッピングは, 化学

トラッピングと呼ばれることもある.

溶解トラッピング (solubility trapping): CO_2 が地層水に溶解すると, CO_2 相が単独で存在しなくなるので, 溶解水と塩水の密度差が小さくなり, 溶解水の浮力による上昇速度は非常に小さくなり, CO_2 の移動速度を低下させる.

鉱物トラッピング (mineral trapping): CO_2 の地層水への溶解により, 鉱物が溶解され pH を上昇させるとともにイオンを形成し, そのうちのある成分は炭酸塩鉱物を形成し, CO_2 を固定できる. 炭酸塩鉱物を形成する反応速度は非常に遅く, 鉱物ができるまで数千年以上かかると見積もられている. しかし, 鉱物固定は最も安定性の高い CO_2 貯留方法と考えられている.

図 3.22 は CO_2 を地下に注入後, 物理的トラッピングが地化学的トラッピングにどのように変化して, CO_2 地中貯留が安定化していくかを示したものである. 構造/層序トラッピングから, 残留トラッピング, 溶解トラッピング, 鉱物トラッピングと変化していき, より安定化する.

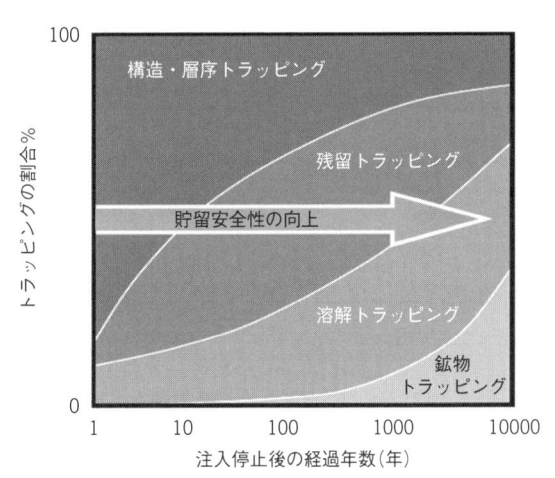

図 3.22 物理的トラッピングから化学的トラッピングへの変化による CO_2 貯留の安定化 (IPCC, 2005)

c. CO_2 地中貯留システム

CO_2 地中貯留プロセス

CO_2 地中貯留のプロセスは,

① CO_2 発生地・発生量と貯留可能量・可能地の評価

② 貯留サイト選定
③ 注入井の掘削
④ CO_2 注入作業
⑤ CO_2 挙動のモニタリング（注入期間中）
⑥ 注入井の密閉
⑦ CO_2 挙動のモニタリング（密閉後）

からなる．

モニタリング

地下に注入した CO_2 が地下でどのように移動し，また地表に戻って大気放出されることがないかどうかは最も関心のある点である．モニタリングの目的は，
① 注入井の状態管理（注入量，坑口圧力，坑底圧力井など）
② 注入 CO_2 量を確認する
③ プロジェクトの貯留量を最適化する
④ CO_2 が当初計画した地層に間違いなく貯留されていることを確認する
⑤ CO_2 リークを早期に発見し，その対策を立てる

である．

モニタリングに先立ち，CO_2 注入後の状態と比較するために，測定する項目の CO_2 注入前の状態（ベースライン）を測定しておく．

CO_2 の貯留状態は，次にあげるような測定を通して評価する．
① 注入量，注入圧力の測定
② 地下の CO_2 分布測定：トレーサーによる測定，地下水中の CO_2 濃度，地震法，電気的方法，重力法，地表変移量，などの測定による
③ 注入井の健全性測定：ケーシング周囲のセメントの連続性を検層
④ 地域環境測定：地下水，空気，土壌の性質を測定

d. 安全性・環境影響評価

地中に貯留された CO_2 が大気に放出されることにより発生する環境影響は，地球環境への影響と地域環境影響の両面が考えられる．地球環境への影響は，容易に理解できるように地球環境を保護しようとして地中貯留した CO_2 がもとの大気に戻ることによる，地球温暖化への影響である．地域環境影響に関しては，
① 地表付近での CO_2 濃度が上昇することによる直接的影響

② CO_2 が地下水に溶解し，水質汚染や岩石の浸食などを引き起こす影響
③ 地下に注入された CO_2 により排除された流体の移動による影響
などが考えられる．

CO_2 のリークプロセス

地下に注入された CO_2 は，次の経路を通って注入された地層から流出する可能性がある．

① CO_2 がキャップロック中の空隙の残留毛細管圧力よりも高い圧力で注入された場合には，キャップロックの空隙を通って CO_2 が上方に移動する
② キャップロック中の天然の亀裂や断層を通過して移動する
③ 廃棄坑井など人工的な通路による移動

などが考えられる (図 3.23)．

注入井と廃棄坑井は CO_2 リークの最も可能性の高い場所と考えられている．坑井の掘削は地下に空間を設けるということのほかに，セメントやケーシングなどの材料を使用するため，これらの材料の長期管理も重要となる．

貯留サイトからの CO_2 リークの可能性

CO_2 貯留サイトは CO_2 を半永久的に貯留できることが望ましい．しかし，地中貯留された CO_2 のいくらかは大気中に放出されると予測されている．その定量的評価に関して，確信を持って数値的な結論を出したものは少ない．CO_2 長期

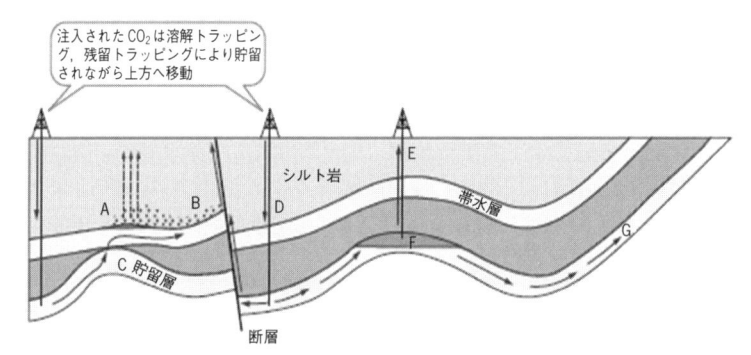

図 3.23 CO_2 のリーク経路 (IPCC, 2005)
A：CO_2 圧力がシルト岩の毛細管圧力よりも大きく，CO_2 がシルト岩中に侵入，B：CO_2 が断層を通って地上に到達，C：CO_2 がキャップロック中の空隙を通過して上層の帯水層に侵入，D：注入した CO_2 が貯留層圧力を上昇させ，断層の浸透率を増加させる，E：密閉の不完全な廃棄坑井から CO_2 が漏洩，F：CO_2 が地下水に溶解し，地下の自然流により密閉状態の系外に流出する，G：溶解した CO_2 が地下水流により大気および海底に流出.

地下貯留の信頼度を評価する方法としては，次のようなものが参考となる．
 ① CO_2 堆積層や石油・天然ガス層などの天然システムのデータ
 ② 天然ガス地下貯蔵システム，EOR などの工業プロセスのデータ
 ③ 地下 CO_2 の溶解や移動に関する物理，化学，力学的プロセス
 ④ CO_2 移動の数値解析
 ⑤ 現在進行している CO_2 地中貯留プロジェクトのデータ

 実際のプロジェクトで CO_2 長期地中貯留の信頼性は，サイトの条件に負うところが大きい．サイト選定，注入エンジニアリングシステム，坑井廃棄方法が適正に行われれば，現在の技術で，注入 CO_2 を 99% 以上 100 年間以上にわたって地下貯留できる「可能性は高い」，また，注入 CO_2 を 99% 以上 1000 年間以上にわたって地下貯留できる「可能性はある」といわれている．

環境影響

人間・動植物への影響　　CO_2 は無臭で空気よりも重く，CO_2 が地中から地表にリークした場合，その量が多い場合には地表付近に滞留する．滞留地点では酸素濃度が小さくなり窒息の危険性がでる．空気中の CO_2 濃度が 2% 以上になると人間は呼吸困難となり，7〜10% 以上では意識不明から死に至ることがある．流量が小さい場合には，CO_2 が拡散するので，地表で高濃度になる危険は少ない．土壌中の CO_2 濃度は植物の成長に大きく影響する．CO_2 は土壌中にある 20〜95% を占め，土壌中ガスは通常 0.2〜4% の CO_2 濃度である．CO_2 濃度が 5% 以上になると植物の成長に影響を与え，20% 以上になると植物は枯れる．CO_2 貯留地域では地上への CO_2 流出量，または地上の CO_2 濃度を監視する必要がある．

地下水への影響　　地下水中に CO_2 が溶解すると，地下水は酸性になり，金属や周辺岩盤鉱物を溶解する．CO_2 注入に先立ち，CO_2 溶解水と注入サイト岩石の反応性を調査しておく必要がある．CO_2 は一般に 800 m 以深の飲料水となる地下水層からはるかに深い地層に圧入するので，飲料水の汚染のリスクは少ない．万が一，CO_2 が直接飲料水となる地下水層に侵入し，飲料水の水質が変化した場合には，エアレーションによる水質改善，地下水流の流れを変えるための坑井の掘削などで対応する．　　　　　　　　　　　　　　　　　［島田荘平］

3.2.4 低炭素社会の実現と国際協調

地球温暖化抑制のためには，地球全体の温室効果ガス排出量を抑制していく必要がある．主要な温室効果ガスである二酸化炭素（CO_2）の排出は，石炭や石油の燃焼，すなわちエネルギー利用と密接にかかわることから，本問題は，単なる環境問題にとどまらず，社会経済的な問題としての側面を持つ．そのため，気候変動の交渉においては各国の利害が反映され，気候保全という本来の目的が十分に達成されない内容にしか合意できない状況が今日まで続いている．

温暖化問題は，典型的な公共財としての性質を有しているといわれる．つまり，「ただ乗り（free rider）」が出現しやすいということである．地球上のどの場所で温室効果ガス排出量を減らしても，大気中の温室効果ガス濃度減少への効果は等しい．そのため，いかなる国にとっても，自分以外の国が排出量を削減して自国だけは対策を怠るのが，その国にとって最も利する解となる．すべての国に，そのようなインセンティブが働くため，放っておくと最終的にはすべての国が対策をとらなくなってしまう．

それでは，どのような枠組みをつくれば，このようなただ乗りの問題を回避できるのであろうか．ここでは，このような観点から国際協調のあり方を考えていく．

a. 国際協調：信頼関係の醸成

仮に2つの国があったとして，それらの国の関係が，対立関係にあるか協調関係にあるかを規定する最も根本的な要素は，関係によって生じる利害である．一方の国が利したときに他方の国がそのぶんだけ損する場合，対立関係が生じやすい．たとえば，領土は，一方が占領すれば他方はその領土から排除されるため，対立関係を生じやすい．逆に，2国が関係することで双方が利する場合には，協調関係が醸成されやすい．国際貿易は，互いに相対的に有利な条件で生産できる製品の大量生産および取り引きによって発生することから，双方に利益を生じさせる．自由貿易の進展が世界の平和にある程度貢献してきたともいえよう．

地球温暖化問題やその他多くの地球環境問題全般において，本来，予想される悪影響まで十分加味できれば，対策をとるメリットが大きいと認識されるため，協調関係が生じうる．しかし，現実社会においては，温暖化による悪影響の大き

さは直接金銭的に計れないものもあり，軽視されがちとなる．そして，各国の国の態度を決めるのは，排出削減幅に偏りがちとなる．地球温暖化の進行を食い止めるためには，地球全体の総温室効果ガス排出量を制限する必要がある．地球全体の排出量に上限を設定し，それを各国に割り振ろうとした場合，これは，上記の領土の問題と同様の状態となる．つまり，ある国の排出量を増やせば，他国がそのぶん減らさなくてはならないので，対立関係が生じやすくなるということである．そして，その結果，どの国も他の国より多くの排出量を確保できるよう模索する動きに出てしまうのである．

「ただ乗り」を食い止めるための方策はいくつかある．その1つが，交渉を繰り返すことにより徐々に信頼関係を醸成していく方法である．ただ一度のゲームであれば，いったん合意を成立させて他の国にやってもらう状況を構築してから自国だけ抜けるという抜け駆けがありうる．しかし，何回も定期的に会って議論するフォーラムが構築されていると，そう簡単には抜け駆けできなくなる．一度抜け駆けした国は，他国からの信頼を失ってしまうからである．したがって，交渉を続ける，という行為自体が，信頼関係の醸成にとって重要な過程ということになる．

b. 地球温暖化問題に関する国際交渉の歴史

それでは，今まで，国際社会はいかなる交渉過程を経て，地球温暖化対策に関する国際協調関係の構築が図られてきたのだろうか．過去の経緯を振り返る(Mintzer and Leonard, 1994 ; Oberthür and Ott, 1999) (表3.9参照)．

気候変動枠組条約と京都議定書

地球温暖化問題が地球規模の緊急の問題として国際社会において取り上げられるようになったのは，1980年代後半であった．この時期は，アメリカとソ連との間の関係が著しく改善し，経済のグローバリゼーションが進み，地球温暖化以外の地球環境問題や，人権，麻薬取引といった他の国際問題に関心が集まり始めた時期と一致する．他の多くの地球環境問題と同様，地球温暖化問題に対しても多国間条約の締結が望ましいという考えが広まり，1992年5月に国連気候変動枠組条約が採択された．この条約では，先進国などいわゆる附属書I国の2000年の排出量について1990年水準に戻すことの重要性を認識するという「努力目標」として排出抑制目標が掲げられた．当時，「2000年までに1990年排出量か

朝倉書店〈環境科学関連書〉ご案内

野生動物保護の事典
野生生物保護学会編
B5判 792頁 定価29400円（本体28000円）〔18032-9〕

地球環境問題，生物多様性保全，野生動物保護への関心は専門家だけでなく，一般の人々にもますます高まってきている。生態系の中で野生動物と共存し，地球環境の保全を目指すために必要な知識を与えることを企図し，この一冊で日本の野生動物保護の現状を知ることができる必携の書。〔内容〕Ｉ：総論（希少種保全のための理論と実践／傷病鳥獣の保護／放鳥と遺伝子汚染／河口堰／他）Ⅱ：各論（陸棲・海棲哺乳類／鳥類／両生・爬虫類／淡水魚）Ⅲ：特論（北海道／東北／関東／他）

水環境ハンドブック
日本水環境学会編
B5判 760頁 定価33600円（本体32000円）〔26149-3〕

水環境を「場」「技」「物」「知」の観点から幅広くとらえ，水環境の保全・創造に役立つ情報を一冊にまとめた。〔目次〕「場」河川／湖沼／湿地／沿岸海域・海洋／地下水・土壌／水辺・親水空間。「技」浄水処理／下水・し尿処理／排出源対策・排水処理（工業系・埋立浸出水）／排出源対策・排水処理（農業系）／用水処理／直接浄化。「物」有害化学物質／水界生物／健康関連微生物。「知」化学分析／バイオアッセイ／分子生物学的手法／教育／アセスメント／計画管理・政策。付録

環境緑化の事典
日本緑化工学会編
B5判 496頁 定価21000円（本体20000円）〔18021-3〕

21世紀は環境の世紀といわれており，急速に悪化している地球環境を改善するために，緑化に期待される役割はきわめて大きい。特に近年，都市の緑化，乾燥地緑化，生態系保存緑化など新たな技術課題が山積しており，それに対する技術の蓄積も大きなものとなっている。本書は，緑化工学に関するすべてを基礎から実際まで必要なデータや事例を用いて詳しく解説する。〔内容〕緑化の機能／植物の生育基盤／都市緑化／環境林緑化／生態系管理修復／熱帯林／緑化における評価法／他

水 の 事 典
太田猛彦・住 明正・池淵周一・田渕俊雄・眞柄泰基・松尾友矩・大塚柳太郎編
A5判 576頁 定価21000円（本体20000円）〔18015-2〕

水は様々な物質の中で最も身近で重要なものである。その多様な側面を様々な角度から解説する，学問的かつ実用的な情報を満載した初の総合事典。〔内容〕水と自然（水の性質・地球の水・大気の水・海洋の水・河川と湖沼・地下水・土壌と水・植物と水・生態系と水）／水と社会（水資源・農業と水・水産業・水と工業・都市と水システム・水と交通・水と災害・水質と汚染・水と環境保全・水と法制度）／水と人間（水と人体・水と健康・生活と水・文明と水）

環境リスクマネジメントハンドブック
中西準子・蒲生昌志・岸本充生・宮本健一編
A5判 584頁 定価18900円（本体18000円）〔18014-5〕

今日の自然と人間社会がさらされている環境リスクをいかにして発見し，測定し，管理するか──多様なアプローチから最新の手法を用いて解説。〔内容〕人の健康影響／野生生物の異変／PRTR／発生源を見つける／in vivo試験／QSAR／環境中濃度評価／曝露量評価／疫学調査／動物試験／発ガンリスク／健康影響指標／生態リスク評価／不確実性／等リスク原則／費用効果分析／自動車排ガス対策／ダイオキシン対策／経済的インセンティブ／環境会計／LCA／政策評価／他

図説 日本の河川
小倉紀雄・島谷幸宏・谷田一三編
B5判 176頁 定価4515円（本体4300円）（18033-6）

日本全国の53河川を厳選しオールカラーで解説〔内容〕総説／標津川／釧路川／岩木川／奥入瀬川／利根川／多摩川／信濃川／黒部川／柿田川／木曽川／鴨川／紀ノ川／淀川／斐伊川／太田川／吉野川／四万十川／筑後川／屋久島／沖縄／他

身近な水の環境科学
日本陸水学会東海支部編
A5判 176頁 定価2730円（本体2600円）（18023-7）

川・海・湖など、私たちに身近な"水辺"をテーマに生態系や物質循環の仕組みをひもとき、環境問題に対峙する基礎力を養う好テキスト。〔内容〕川（上流から下流へ）／湖とダム／地下水／都市・水田の水循環／干潟と内湾／環境問題と市民調査

生息地復元のための野生動物学
M.L.モリソン著 梶 光一他監訳
B5判 152頁 定価4515円（本体4300円）（18029-9）

地域環境を復元することにより、その地域では絶滅した野生動物を再導入し、本来の生態を取りもどす「生息復元学」に関する初の技術書。〔内容〕歴史的評価／研究設計の手引き／モニタリングの基礎／サンプリングの方法／保護区の設計／他

環境デザイン学 ―ランドスケープの保全と創造―
森本幸裕・白幡洋三郎編
B5判 228頁 定価5460円（本体5200円）（18028-2）

地球環境時代のランドスケープ概論。造園学、緑地計画、環境アセスメント等、多分野の知見を一冊にまとめたスタンダードとなる教科書。〔内容〕緑地の環境デザイン／庭園の系譜／癒しのランドスケープ／自然環境の保全と利用／緑化技術／他

世界遺産 屋久島 ―亜熱帯の自然と生態系―
大澤雅彦・田川日出夫・山極寿一編
B5判 288頁 定価9975円（本体9500円）（18025-1）

わが国有数の世界自然遺産として貴重かつ優美な自然を有する屋久島の現状と魅力をヴィジュアルに活写。〔内容〕気象／地質・地形／植物相と植生／動物相と生態／暮らしと植生のかかわり／屋久島の利用と保全／屋久島の人、歴史、未来／他

HEP入門 ―〈ハビタット評価手続き〉マニュアル―
田中 章著
A5判 244頁 定価4725円（本体4500円）（18026-8）

公害防止管理者試験・水質編では、BODに関する計算問題が出題されるが、これは簡単な微分方程式を解く問題である。この種の例題を随所に挿入した"数学苦手"のための環境数学入門書。〔内容〕指数関数／対数関数／微分／積分／微分方程式

ランドスケープエコロジー
武内和彦著
A5判 260頁 定価4410円（本体4200円）（18027-5）

農村計画学会賞受賞書『地域の生態学』の改訂版。〔内容〕生態学的地域区分と地域環境システム／人間による地域環境の変化／地球規模の土地荒廃とその防止策／里山と農村生態系の保全／都市と国土の生態系再生／保全・開発生態学と環境計画

環境のための数学
小川 束著
A5判 160頁 定価3045円（本体2900円）（18020-6）

公害防止管理者試験・水質編では、BODに関する計算問題が出題されるが、これは簡単な微分方程式を解く問題である。この種の例題を随所に挿入した"数学苦手"のための環境数学入門書。〔内容〕指数関数／対数関数／微分／積分／微分方程式

シリーズ〈緑地環境学〉1 緑地環境のモニタリングと評価
恒川篤史著
A5判 264頁 定価4830円（本体4600円）（18501-0）

"保全情報学"の主要な技術要素を駆使した緑地環境のモニタリング・評価を平易に示す。〔内容〕緑地環境のモニタリングと評価とは／GISによる緑地環境の評価／リモートセンシングによる緑地環境のモニタリング／緑地環境のモデルと指標

シリーズ〈緑地環境学〉4 都市緑地の創造
平田富士男著
A5判 260頁 定価4515円（本体4300円）（18504-1）

制度面に重点をおいた緑地計画の入門書。〔内容〕「住みよいまち」づくりと「まちのみどり」／都市緑地を確保するためには／確保手法の実際／都市計画制度の概要／マスタープランと上位計画／各種制度ができてきた経緯・歴史／今後の課題

環境流体シミュレーション
河村哲也編著
A5判 212頁 定価4935円（本体4700円）（18009-1）

地球温暖化、砂漠化等の環境問題に対し、空間・時間へスケールの制約を受けることなく、結果を予測し対策を講じる手法を詳説。〔内容〕流体力学／数値計算法／環境流体シミュレーションの例／火災旋風／風による砂の移動／計算結果の可視化

環境都市計画事典

丸田頼一編
A5判 536頁 定価18900円（本体18000円）(18018-3)

様々な都市環境問題が存在する現在においては，都市活動を支える水や物質を循環的に利用し，エネルギーを効率的に利用するためのシステムを導入するとともに，都市の中に自然を保全・創出し生態系に準じたシステムを構築することにより，自立的・安定的な生態系循環を取り戻した都市，すなわち「環境都市」の構築が模索されている。本書は環境都市計画に関連する約250の重要事項について解説。〔項目例〕環境都市構築の意義／市街地整備／道路緑化／老人福祉／環境税／他

地球環境ハンドブック（第2版）

不破敬一郎・森田昌敏編著
A5判 1152頁 定価36750円（本体35000円）(18007-7)

1997年の地球温暖化に関する京都議定書の採択など，地球環境問題は21世紀の大きな課題となっており，環境ホルモンも注視されている。本書は現状と課題を包括的に解説。〔内容〕序論／地球環境問題／地球・資源・食糧・人類／地球の温暖化／オゾン層の破壊／酸性雨／海洋とその汚染／熱帯林の減少／生物多様性の減少／砂漠化／有害廃棄物の越境移動／開発途上国の環境問題／化学物質の管理／その他の環境問題／地球環境モニタリング／年表／国際・国内関係団体および国際条約

生態影響試験ハンドブック —化学物質の環境リスク評価—

日本環境毒性学会編
B5判 368頁 定価16800円（本体16000円）(18012-1)

化学物質が生態系に及ぼす影響を評価するため用いる各種生物試験について，生物の入手・飼育法や試験法および評価法を解説。OECD準拠試験のみならず，国内の生物種を用いた独自の試験法も数多く掲載。〔内容〕序論／バクテリア／藻類・ウキクサ・陸上植物／動物プランクトン（ワムシ，ミジンコ）／各種無脊椎動物（ヌカエビ，ユスリカ，カゲロウ，イトトンボ，ホタル，二枚貝，ミミズなど）／魚類（メダカ，グッピー，ニジマス）／カエル／ウズラ／試験データの取扱い／付録

世界自然環境大百科6　亜熱帯・暖温帯多雨林

大澤雅彦監訳
A4変判 436頁 定価29400円（本体28000円）(18516-4)

日本の気候にも近い世界の温帯多雨林地域のバイオーム，土壌などを紹介し，動植物の生活などをカラー図版で解説。そして世界各地における人間の定住，動植物資源の利用を管理や環境問題をからめながら保護区と生物圏保存地域までを詳述

世界自然環境大百科7　温帯落葉樹林

奥富 清監訳
A4変判 456頁 定価29400円（本体28000円）(18517-1)

世界に分布する落葉樹林の温暖な環境，気候・植物・動物・河川や湖沼の生命などについてカラー図版を用いてくわしく解説。またヨーロッパ大陸の人類集団を中心に紹介しながら動植物との関わりや環境問題，生物圏保存地域などについて詳述

国際共生社会学

東洋大学国際共生社会研究センター編
A5判 192頁 定価2940円（本体2800円）(18031-2)

国際共生社会の実現に向けて具体例を提示。〔内容〕水との共生／コミュニティ開発／多民族共生社会／共生社会のモデリング／地域の安定化／生物多様性とエコシステム／旅行業の課題／交通政策と鉄道改革／エンパワーメント／タイの町作り

国際環境共生学

東洋大学国際共生社会研究センター編
A5判 176頁 定価2835円（本体2700円）(18022-0)

好評の「環境共生社会学」に続いて環境と交通・観光の側面を提示。〔内容〕エコツーリズム／エココンビナート／持続可能な交通／共生社会のための安全・危機管理／環境アセスメント／地域計画の提案／コミュニティネットワーク／観光開発

環境共生社会学

東洋大学国際共生社会研究センター編
A5判 200頁 定価2940円（本体2800円）(18019-0)

環境との共生をアジアと日本の都市問題から考察。〔内容〕文明の発展と21世紀の課題／アジア大都市定住環境の様相／環境共生都市の条件／社会経済開発における共生要素の評価／米英主導の構造調整と途上国の共生／環境問題と環境教育／他

環境と健康の事典

牧野国義・佐野武仁・篠原厚子・中井里史・原沢英夫著
A5判 576頁 定価14700円(本体14000円) (18030-5)

環境悪化が人類の健康に及ぼす影響は世界的規模なものから、日常生活に密着したものまで多岐にわたっており、本書は原因等の背景から健康影響、対策まで平易に解説。〔内容〕〔地球環境〕地球温暖化／オゾン層破壊／酸性雨／気象、異常気象〔国内環境〕大気環境／水環境、水資源／音と振動／廃棄物／ダイオキシン, 内分泌攪乱化学物質／環境アセスメント／リスクコミュニケーション〔室内環境〕化学物質／アスベスト／微生物／電磁波／住まいの暖かさ, 涼しさ／住まいと採光, 照明, 色彩

環境化学の事典

指宿堯嗣・上路雅子・御園生誠編
A5判 468頁 定価10290円(本体9800円) (18024-4)

化学の立場を通して環境問題をとらえ、これを理解し、解決する、との観点から発想し、約280のキーワードについて環境全般を概観しつつ理解できるよう解説。研究者・技術者・学生さらには一般読者にとって役立つ必携書。〔内容〕地球のシステムと環境問題／資源・エネルギーと環境／大気環境と化学／水・土壌環境と化学／生物環境と化学／生活環境と化学／化学物質の安全性・リスクと化学／環境保全への取組みと化学／グリーンケミストリー／廃棄物とリサイクル

環境考古学ハンドブック

安田喜憲編
A5判 724頁 定価29400円(本体28000円) (18016-9)

遺物や遺跡に焦点を合わせた従来型の考古学と訣別し、発掘により明らかになった成果を基に復元された当時の環境に則して、新たに考古学を再構築しようとする試みの集大成。人間の活動を孤立したものとは考えず、文化・文明に至るまで気候変化を中心とする環境変動と密接に関連していると考える環境考古学によって, 過去のみならず、未来にわたる人類文明の帰趨をも占えるであろう。各論で個別のテーマと環境考古学のかかわりを、特論で世界各地の文明について論ずる。

自然保護ハンドブック (新装版)

沼田 眞編
B5判 840頁 定価26250円(本体25000円) (10209-3)

自然保護全般に関する最新の知識と情報を盛り込んだ研究者・実務家双方に役立つハンドブック。データを豊富に織込み、あらゆる場面に対応可能。〔内容〕〈基礎〉自然保護とは／天然記念物／自然公園／保全地域／保安林／保護林／保護区／自然遺産／レッドデータ／環境基本法／条約／環境と開発／生態系／自然復元／草地／里山／教育／他〈各論〉森林／草原／砂漠／湖沼／河川／湿原／サンゴ礁／干潟／島嶼／高山域／哺乳類／鳥／両生類・爬虫類／魚類／甲殻類／昆虫／土壌動物／他

ISBN は 978-4-254- を省略

(表示価格は2011年1月現在)

表3.9 地球温暖化交渉に関する主な出来事

年	気候変動交渉に関する主要な出来事
1988	トロント会議，気候変動に関する政府間パネル（IPCC）発足
1989	ノルドヴェイク（オランダ）にて地球温暖化問題に関する初の大臣級会合
1990	条約交渉会議開始が合意される
1991	条約交渉会議（INC）始まる
1992	気候変動枠組条約採択
1993	
1994	気候変動枠組条約発効
1995	気候変動枠組条約第1回締約国会議（COP1），ベルリン・マンデートにより議定書交渉開始
1996	COP2
1997	COP3 京都議定書採択
1998	COP4 ブエノスアイレス行動計画採択
1999	COP5
2000	COP6
2001	米国京都議定書離脱，COP6再開会合にてボン合意，COP7マラケシュ合意
2002	COP8
2003	COP9
2004	ロシア議定書批准，COP10
2005	京都議定書発効，COP11，第1回京都議定書締約国会合（CMP1）
2006	COP12 & CMP2
2007	COP13 & CMP3 バリ行動計画，次期枠組みに関する交渉開始
2008	COP14 & CMP4
2009	COP15 & CMP5 コペンハーゲン合意了承される
2010	COP16 & CMP6

ら10％削減すること」といった法的拘束力を持つ明示的な「排出削減義務」を求めた欧州諸国に対して，そのような明示的義務はまったく受け入れられないとする米国との間の妥協がこのような書きぶりであった．

しかし，1995年に気候変動枠組条約第1回締約国会議（COP1）が開催される頃には，目標年まで残り5年という時点でありながら，多くの先進国では排出増加傾向が止まらず，このままではとても条約に掲げられた「努力目標」が多くの先進国で達成できないという見込みが明らかになっていた．この状況は，途上国側から「先進国は宣言するだけで実践しない」と批判された．また，条約においては，2000年以降の取り組みに関してまったく触れられていなかったことから，2000年以降について交渉を開始する必要性が出てきた．

COP 1 では，先進国の排出増加傾向が指摘され，単なる「努力目標」ではどの国も真面目に対応しないという反省に立ち，新しい議定書では，法的拘束力を持つ排出量目標を設定しようという認識で一致した．また，先進国がその排出増加傾向を変更するまでは，途上国が対策をとる必要はない，という途上国の強い主張があり，新たに交渉される議定書には，途上国に新たな義務は規定しないこととなった．この合意は，開催地の場所の名をとり，ベルリン・マンデートと呼ばれる．

　2 年間の交渉を経て 1997 年の COP 3 で採択された京都議定書は，枠組条約の反省をふまえ，明示的な排出量目標を中心に交渉された結果である．注目された附属書 I 国の排出削減目標に関しては，2008 年から 2012 年までの 5 年間（第 1 約束期間），それぞれ決められた排出量に抑制することとなった．

　交渉過程においては，各国の利害を調整するために，削減目標以外の諸制度が挿入された．たとえば，欧州諸国にとっては，EU 全体で削減目標を達成する方法を模索することが，削減目標数値そのものよりも重要な案件となった．その結果，複数の国が共同して排出削減目標を達成することを認める条項が入った（議定書 4 条）．また，アメリカは，途上国を含めた国際排出量取引制度が機能すれば，アメリカはある程度以下の費用で目標を達成できるであろうという見通しから，このような取引制度に関する主張を強め，その結果，市場メカニズムを利用する 3 つの制度が認められた（議定書 6 条：共同実施，12 条：クリーン開発メカニズム (CDM)，17 条：国際排出量取引）．日本は，排出削減目標の数値に関して，国情を反映して各国異なる削減割合，いわゆる差異化，を求めた．その結果，排出抑制割合は，たとえば，1990 年比で，日本は -6%，アメリカは -7%，欧州は -8% と，国ごとに異なるものとなった．また，ニュージーランドやアメリカなどの強い主張から，森林吸収量も部分的に目標達成に用いることができることになった（3 条 3，4 項）．

　また，2008～12 年という時期については，もともと 2010 年近辺を射程においていたことによる．交渉していた時期が 1995～97 年であるから，15 年後近辺の排出量について議論していたわけであるが，単年を目標年とすると，その年の景気動向や暖冬や猛暑などの気象によって，エネルギー消費量（そして結果的には CO_2 排出量）が大きく増減するという問題が発生する．そのため，2010 年前後の 5 年間の平均をとった．

3.2 低炭素社会の創成

京都議定書採択以降

このように,様々な制度利用を前提として決まった京都議定書の目標数値であったが,その後,京都議定書に対する批判がとりわけ日米国内で高まってきた.数量目標が厳しくて非現実的,目標年が短期的すぎるためインフラ整備など長期的対策へのインセンティブがない,中国やブラジルなど急速な排出量増加が見られる主要途上国に排出抑制目標がないのは不公平,といった理由があげられた.そして,これらの批判を理由に2001年3月ブッシュ政権下でのアメリカが京都議定書への不参加を表明した.

京都議定書の発効要件には,相当量の排出割合を占める附属書I国の批准が含まれており,世界最大の排出国であるアメリカが批准しない場合,その他の大半の附属書I国が批准しないと発効しない仕組みになっていた.アメリカの不参加が決定し,京都議定書の発効が危ぶまれたまま数年間が経過した.この停滞期に変化が起きるのは2004年秋,ロシアによる京都議定書批准が契機であった.これにより京都議定書の2005年2月発効が確定し,京都議定書が機能し始める.

京都議定書発効後初のCOPが2005年12月,カナダのモントリオールにおいて開催された.ここでは,第11回条約締約国会議(COP 11)と第1回議定書締約国会合(CMP 1)が並行して開催された.この会合における最大の関心事は,京都議定書の第1約束期間が終了する2013年以降の国際枠組みのあり方に関する交渉を始められるかという点であった.

欧州諸国や日本,ロシアなどの議定書締約国である附属書I国は,京都議定書で掲げられた排出量目標の達成義務を負っているが,これらの国の排出量は世界総排出量の約3割を占めるにすぎない.地球全体の排出量抑制を目指すのであれば,2013年以降の枠組みにおいて,アメリカや主要途上国も排出抑制対策を実施することが不可欠と考えられた.他方,アメリカや途上国は,自らの排出削減目標に関する交渉を開始するのは時期尚早と主張した.その結果,京都議定書締約国の間では第2約束期間の交渉を始めるが,条約締約国の間では,将来枠組みに関する意見交換を2年間実施するという内容にとどまった.

2013年以降の国際枠組みに関する交渉

2005年から2007年にかけて,地球温暖化問題に関する様々な事象が起きた.世界各国では,異常気象が頻発し,それらすべてが地球温暖化の影響とは科学的に証明できないものの,地球温暖化に対する一般世論の関心を増大させた.科学

者の集まりである気候変動に関する政府間パネル (IPCC) は2007年に第4次評価報告書を公表し，地球温暖化の影響がすでに生じつつある点を強調した．アメリカの元副大統領のゴア氏は，地球温暖化対策をメディアに訴える活動を続け，IPCCとともにノーベル平和賞を受賞した．これらの動きをふまえ，2007年末にバリにおいて開催されたCOP 13では，2013年以降の枠組みに関して正式に政府間交渉を開始しようとする意思が各国に見いだされるようになった．そして，バリ行動計画という文書を決定し，2009年末にコペンハーゲンにおいて開催されるCOP 15を目指して交渉が始まった．2009年，COP 15に政府関係者や非政府団体，メディア関係者は約4万人．しかし，各国の排出削減目標のみならず多くの部分で対立が残り，交渉は継続となった．唯一，政治宣言として「コペンハーゲン合意」が了承された．

c. 地球温暖化対策関連のフォーラムの多様性

これまでの地球温暖化交渉は，主に，国連の下で行われてきた．特に，気候変動枠組条約や京都議定書が交渉されていた1990年代においては，地球温暖化問題に関する大半の国家間協議は国連の下で実施されていたといえる．しかし，京都議定書が発効するかどうか見極めの時期となった2000年頃から，状況は急速に変わってきている．欧州域内排出量取引制度は，京都議定書の発効とは無関係に，2005年から始まった．京都議定書への不参加を表明したアメリカにおいても，一部の州において排出量取引制度が着手され，さらに近年では，これらの地域的炭素市場間のリンクの可能性が検討されてきている．

1年に1度，主要国の首脳が集まるG8サミットは，そのときどきの国際政治経済問題が議題として掲げられてきたが，2005年にイギリスのグレンイーグルズにおいて開催されたG8以降，地球温暖化問題は重要なテーマとして議論されるようになった．国連のフォーラムで「ただ乗り」をしたアメリカは，G8のフォーラムで再度，温暖化の議論を迫られるのである．ここではとりわけ，2050年の長期目標が話題となっており，世界総排出量を半減，また，先進国全体で－60〜－80％，といった目標が検討されている．このようなテーマは，価値判断を伴うため，各国の行政官が集まって交渉する会議では決定できない部分であり，バリ行動計画の一部を補う重要なフォーラムとして機能してきている．また，最近ではG8以外の国の重要性ないし影響力が高まってきていることから，G20

という会合も同時並行で開催されるようになっている．アメリカがここ数年開催している MEF（主要経済国フォーラム，開始当初は，MEM，主要経済国会合と呼ばれた）も，G20 とほぼ同様の性格づけで，主な排出国だけを招いて定期的に将来枠組みの大枠を議論している．特に中国やインドといった新興国は，主要な排出国であるにもかかわらず G8 では対象外となってしまうため，G20 あるいは MEF の重要性が増している．

　国連の下での交渉には，長所と短所がある．長所としては，国連加盟国すべてが一堂に会する，国際社会において最も信頼されるフォーラムであるということ，地球温暖化問題は排出抑制の面だけでなく，被害が起きている国の適応策も同時に議論しなければならないため，排出国だけを招集するのは不適切であること，などがあげられる．逆に，短所としては，参加国数が多すぎて，コンセンサスに至るのに時間がかかってしまうこと，また，ある規模以上の温室効果ガス排出量を有する国は，実際にはそう多くはないことから，排出削減策を議論する際には，実質的に地球全体の排出量にほとんど影響を及ぼさない多数の国を巻き込んで議論しているというジレンマを生じさせるといった点があげられる．

　国連以外のフォーラムの活性化は，多数の国が参加していることの弊害を回避する手段として有効に機能する．たとえば，中国やインドなどのいわゆる新興国が今後積極的に対策をとることを条件に，先進国は技術的あるいは資金的支援を実施すると約束する．このような約束は双方にとってメリットとなるため，「ただ乗り」は生じない．温暖化対策を怠れば，即，支援の停止につながるからである．

　また，アメリカでは，京都議定書への不参加を決めた 2001 年以降，国内の一部の州で先駆的に対策を実施する動きが強まった．日本の政府と違い，アメリカ政府は連邦政府であり，安全保障や外交など，限定的な権限しか保有しない．地球温暖化対策の実質として重要なエネルギー政策や排出基準などは，州ごとに定めることができる．ブッシュ大統領時代のアメリカは，国としては地球温暖化対策に積極的ではなかったが，そのスタンスに批判的な州知事は少なくなく，カリフォルニア州や北東部の州では，いち早く排出枠取引制度の導入などが検討された．アメリカの州 1 つだけでも，小さな途上国よりは多くの温室効果ガスを排出しており，国が動かない場合には地方自治体の動きが重要となってくる．

d. 衡平性

気候変動枠組条約や京都議定書では，各国に対して排出抑制目標を設定している．しかし，排出抑制目標の決定に当たり，いかなる水準が妥当であるのかを判断するのは難しい．一方では，地球の容量の限界による上限値が設定される．気温の上昇幅を何度以内に抑えようと思うならば，地球全体で排出量をここまで抑えなくてはならない，ということである．他方では，各国からの「うちはこれだけしか減らせない」という主張がある．各国の主張を合計すると地球の容量を大幅に超過する．前者と後者の間のギャップを埋めていくのが交渉における重要な課題となる．

地球の容量から議論を始める場合，地球全体の排出量が先に決定され，それを各国に配分することになる．この配分方法を巡って様々な意見が出される．配分方法の妥当性を測る1つの価値判断基準が「衡平性」である．ところが，衡平性基準には，様々なものがある．1つの衡平性基準で測って決定した各国の排出削減目標が，別の基準で測った場合にはまったく衡平性を満たしていない場合も多々ある．衡平性が重要であるにもかかわらず，どの衡平性基準を選ぶかによって結果が大きく違ってくるために，基準選択自体が問題となる．基準の選択に，正解，不正解はない．そのときどきのある立場に置かれたときに，最も適切だと主観的に判断されるものが衡平性基準として選ばれることになる．

温室効果ガス排出量設定に関して衡平性が語られる場合，衡平性はまず，「結果」の衡平性と「プロセス」の衡平性に分けられる．「結果」とは，各国に設定される排出量のことを指し，「プロセス」とは，ある決定に至るまでの交渉過程のことを指す．

「結果」の決定における衡平性の議論では，衡平性指標は「責任」「支払い能力」「実効性」の3種類に大別される．

「責任」とは，地球温暖化を引き起こした責任という観点からの考え方である．かつて大気汚染などの地域的公害に関して提示された「汚染者負担原則 (PPP)」もここに位置づけられる．現在すでに生じている地球温暖化およびその影響は，過去の温室効果ガス排出によるものである．過去の排出分の大半は先進国からの排出となっている．したがって，過去に大量に排出した国ほど厳しい削減目標を設定すべきという考え方である．この種類の指標として，気温上昇への歴史的貢献（ブラジル提案）や1人当たり排出量などが分類される．

「支払い能力」とは，経済的豊かさを意味する．同額の負担金額であったとしても，裕福な国と貧しい国では，その負担の重みは違って感じられる．豊かな国ほど支払う能力があるのだから，多めに負担すべきだという考え方で，1人当たり GDP や人間開発指標（HDI）との組み合わせなどがここに分類される．

「実効性」は，物理的に削減する余地がどれくらい残されているかという点からの議論である．削減ポテンシャル，という言葉で示されるときもある．実際に削減しやすいところから削減すべきだという議論で，生産原単位当たり排出量や限界削減費用などがここに分類される．

いままで，気候変動枠組条約や京都議定書において，途上国の排出削減が免除されてきたのは，「責任」と「支払い能力」の観点からであった．しかし，近年，途上国のなかでもとりわけ中国やインドなど，いわゆる新興国と呼ばれる国の急速な経済成長のもとでの排出量増加に鑑み，これらの指標を用いた場合であっても，新興国に対して何らかの排出抑制策を求めていくことが正当化されるようになった．「実効性」で測った場合にはむしろこれらの新興国の方が途上国よりも相対的に安価な費用で排出量が抑えられることになるため，より厳しい排出抑制が求められることになる．

また，京都議定書採択後，世界各地で排出量取引制度を導入する動きが見られるようになった．排出量取引は，目標値以上に排出量を削減できた国から，削減できていない国が排出枠を購入する制度なので，削減する国と支払う国を分離する制度ともいえる．したがって，この制度の導入を前提条件にして目標値を議論するときには，「実効性」はそれほど問題ではなく，「支払い能力」が相対的に重要と認識されるようになる．つまり，適正と判断される衡平性指標は，前提となる制度によっても違ってくるということである．

他方，「プロセス」の衡平性に関しては，交渉会議に関係国がすべて参加できる環境を整えることが重要となる．気候変動枠組条約関連の会議や IPCC の会議では，渡航費用を支払えない途上国の政府からの参加者に対して経費を賄う措置を実施することで，「プロセス」の衡平性を担保するための工夫をしている．また，地球温暖化に関する交渉の内容が複雑になるにつれ，交渉に必要な基本的知識を身につける能力増強（capacity building）も「プロセス」の衡平性を実現する重要な活動となる．

e. 低炭素社会に向けて

　各国が「ただ乗り」をしてしまう国際公共財の状態を乗り越える工夫は，ほかにもある．ゲームそのものを国際公共財のゲームから変えてしまう方法もその1つとなる．

2013年以降の国際枠組みに関する交渉

　ある国際条約の加盟国だけしか得られないメリット，いわゆるクラブ財を増やす方法がある．途上国の参加に関して，条約の締約国だけが排出抑制義務を負うが，これらの国だけが，排出抑制に必要な資金や技術を提供してもらえる．新興国など，今後排出抑制義務を受け入れざるをえなくなっている国にとっては，いかにしてこのクラブ財を増やせるか，という点が国際交渉における最大の関心事となる．

　欧州や米国では，自国と同等の対策を講じていない国に対して国境税調整を適用する方策が検討されている．対策をとっている国の産業による生産に必要な費用は，対策をとっていない国での生産費用と比べて高くなってしまうため，そのままでは，対策をとっていない国の生産量が増えてしまい，結果として地球全体の排出量も減らないことになる．このような状態を「炭素リーケージ」と呼ぶ．炭素リーケージの問題を解消するためには，対策をとっていない国の製品の価格に炭素削減費用分を上乗せする必要がある．対策をとっていない国からの輸入に際して，関税をかける，あるいは，生産過程において排出された温室効果ガス相当分の排出枠の購入を義務づける，といった措置が国境税調整の具体例である．

　国境税調整は，自由貿易を損なうため，世界貿易機構（WTO）ルール違反となる可能性が高く，現実性に乏しいと見る専門家も少なくない．他方で，自由貿易という原則が，いかなる価値にも増して優先されるべきか，という観点からの議論もある．このように，一国の温暖化対策が及ぶ国の境界内での活動が，貿易活動によって他国から直接影響を受けることにより生じる非整合性の問題はほかにもあり，「貿易と環境」というテーマで扱われることが多い．

低炭素社会の構築ゲームとしての見方

　気候変動枠組条約採択から20年近く経過し，今までに十分な対策が実現しているとはいいがたいが，世界全体が排出抑制に向かって動き出したという判断は妥当であろう．再生可能エネルギーやエネルギー効率に関連して，多額の技術投資が見られている．都市は，公共交通システムや自転車利用が便利な構造を目指

して変化している．電源としては再生可能エネルギーが脚光を浴びている．冷暖房効率のよい建築物が望まれるようになっている．多くの場合，これらの新しい技術は，従来型のものと比べて高価なため，一般的に温暖化対策は費用がかかると認識される．しかし，世界全体が低炭素社会を目指すなかでは，いち早く，他社よりもより炭素排出量の少ない製品や技術を開発した企業が市場を確保できる．かつて，成層圏オゾン層破壊問題が深刻だった 1980 年代，オゾン破壊原因物質として特定されていたフロン類に代わる代替フロン類を開発した企業が現れ，それまで対策に消極的だった国々の態度を一変させた．この過去の例に見られるように，積極的な温暖化対策をとる世界が企業の利益につながる企業が増えるほど，各国の温暖化対策に対する態度は積極的になる．このような状況になれば，複数の国の協調は双方にとってメリットを生むため，温暖化対策はすでに「ただ乗り」ゲームではなく，プラスサムゲーム（両国の利得の合計がプラスとなる）と呼ばれる状態になる．この状態に持っていかれれば，温暖化に関する国際交渉も現在とは違った形で進展するようになるであろう（「2050 日本低炭素社会」シナリオチーム，2008）．

科学的知見の重要性

地球温暖化問題が他の国際問題と異なる点の 1 つとして，地球の受容性という制約がある点を先にあげた．しかし，気候変動枠組条約や京都議定書が締結された 1990 年代においては，実際にはこの受容性の具体的な水準を科学的に証明することができなかった．制約条件が具体的に示されないなか，各国の排出量は，「どれだけ減らせるか」という点で決まっていったのである．

それから十数年が経過し，科学的知見が少しずつ蓄積していった結果，現在では，ある程度，その水準を示せるようになっている．図 3.24 は，人間活動から温暖化影響に至るまでの気候サイクルを示したものである．われわれの日常生活でエネルギーを利用することにより，大気中に温室効果ガスが排出される．排出量が増えると，大気中の濃度が増加する．大気中濃度の上昇は，地球の平均気温上昇につながり，気温上昇が各地域の気候を変化させていく．その変化は，われわれの生活や生態系に多様な影響を及ぼす．われわれの行動から影響に至るまでの因果関係の連鎖の間には，それぞれに不確実性やタイムラグが存在するため，今までは，どれくらい排出削減すれば危険な悪影響を回避できるのかを示すことができなかった．IPCC 第 4 次評価報告書が 2007 年に出版される頃になり，よ

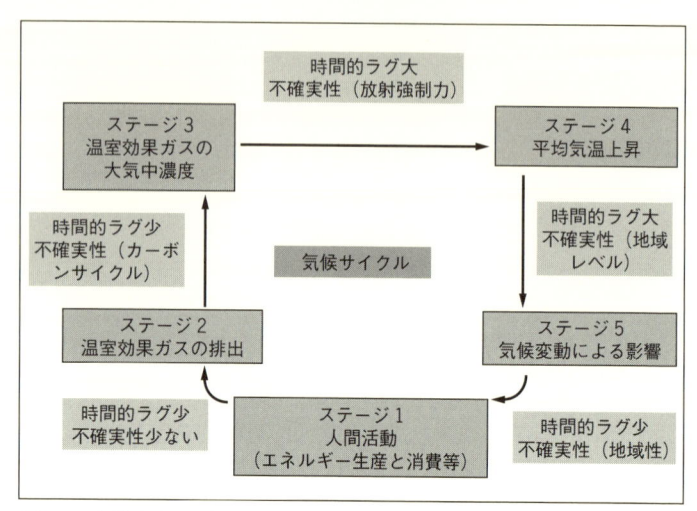

図 3.24 気候サイクルと目標設定（Pershing and Tudela, 2003, p.15 の図をもとに筆者加筆）

うやく，全体像を示せるようになってきた．G8サミットなどで2050年の長期目標を議論できるようになった背景には，このような科学的知見の集積がある．国際交渉は，だんだんと明確になってきた地球の受容性を踏まえて進んでいくのである．

まとめ

温暖化はすでに進行しており，今，排出量をゼロにしたとしても，気温がすぐに下がることはない．排出削減を検討しつつ，新たな気候に生態系が適応するための努力も必要となってきている．対策の遅延は，数十年後に大きなツケを残す．次世代に何を残せるかという議論はもちろんのこと，われわれ現世代が高齢になったときにいかなる世界を望ましいと考えるか．いつまでも「ただ乗り」ゲームを続けている現状ではないことが，より多くの国によって認識され始めている．日本においても，当面の国際交渉に対応する対処療法的な意思決定からの脱却が求められる．

[亀山康子]

3.2.5 環境システム学が描く低炭素社会の将来像：低炭素社会への見通し

a. IPCC 第4次評価報告書

2007年にIPCC（気候変動に関する政府間会合）第4次評価報告書が公表され

た．そのなかで，20世紀中盤からの地球全体の平均気温の上昇は，観測されている人為的な温室効果ガスの濃度上昇のためである可能性が大変高いという結論が得られている．また，GHG濃度が2倍になったときの気候感度の下限を1.5℃から2℃に修正し，最適予測値も3.2℃に上方修正している．気候変動の影響として，たとえば熱帯低気圧は，発生数は減少するものの強度が強まると予測している．また，二酸化炭素濃度の上昇により，海洋表層の酸性化が進行することが指摘されている．

　世界の破局的な影響を避けるためのGHG排出パスはどこが最適なのかという点を検討するには原則としては費用便益分析が必要である．この点では，IPCC第4次評価報告書は解を与えていない．また，気候変動の影響に関する費用便益分析には膨大な影響の洗い出しとコスト換算が必要である．この点で十分な費用便益分析は未だなされていないといえる．また，気候変動のようにその影響に関して大きな不確実性が伴う事象に対し，そもそも費用便益分析が適切な評価手法でありうるか否かについての疑問もある．このように，GHG排出をどの程度に抑制すべきであるかという問題は難しく，現状では適切な解答は得られていないことに留意すべきである．

b. 低炭素社会とクールアース推進構想

　経済産業省の委託により2006年に策定された超長期技術ロードマップでは，低炭素化に向けた2050年までの技術革新として以下のような目標値を置き，そのために必要な技術のロードマップを示している（エネルギー総合工学研究所，2006）．

(1) (エネルギー変換) 電気のCO_2原単位を現在の370 g/kWhから120 g/kWhに低下させる．
(2) (産業) 生産財当たりのCO_2原単位を現在より30％低下させる．
(3) (民生) 世帯当たりのCO_2排出量を1/3に低下させる．
(4) (輸送) t・km当たりのCO_2排出量を1/3に低下させる．

　一方，福田元総理のクールアース推進構想では，2020年から2030年までに世界のGHG排出量をピークアウトさせ，2050年までに半減させるための目標を策定するように求めるとしている．そのためにGHG半減を実現するための21の革新的技術を掲げ，世界とともに研究開発を進めることとしている．また，福

田ビジョンによると，2020年までに（CO_2の排出のない）ゼロエミッション電源を系統全体の50％以上とすることが目標とされている．この目的のため，非化石燃料による発電の大幅な増加を進める．たとえば，太陽光発電についていえば，2020年までに現状の10倍（1400万kW），2030年までに現状の40倍（5600万kW）に増加させることを目指し，系統安定性などの問題の解決を図る（その後，麻生政権時に，日本の温室効果ガス削減に関する中期目標がまとめられたが，そのなかで，2020年の太陽光発電の目標値は10倍（1400万kW）から20倍（2800万kW）に引き上げられた）．原子力発電については，現状地震などの影響もあり，稼働率が70％を下回っているが，これを大幅に向上させることを目的とする．これら一連の構想は詳細な数値目標の間には多少の差があるものの，いずれも低炭素社会を目指した同一の方向性を持つものである．したがって，わが国としても，上記の目標を達成するための市場調査を行って具体的な政策を策定し，研究開発を進め，革新技術・システムの普及を早急に推進していく必要がある．

c. 低炭素社会実現のために：技術万能主義と市場万能主義の止揚

エネルギー評価の項で述べたように，エネルギーシステムにおける様々な技術は，自然エネルギー利用技術も含めてライフサイクル「効率」を改善する技術であると位置づけられる．また，このように，「効率」という概念を拡張することによって，ワイツゼッカーが主張するようなファクター4やファクター10というような大幅な「効率」改善も技術的には可能であるということもおわかりいただけたであろう．

さて，それでは現実の世界でそうした技術をどんどん導入し，上述したような低炭素社会に向けた温室効果ガス削減目標を楽々と達成し，その他の地球環境問題も容易に解決できるのであろうか．

いわゆる「技術万能主義」を掲げる人たち（あるいはそのつもりでなくても無意識のなかで技術万能主義の立場にある人たち）のなかには，「技術でどんな問題も解決できる，もちろん地球環境問題も例外ではない」という主張をする．そして，3.2.1項で述べた太陽光発電システムの例や，これをさらにレベルアップした宇宙発電衛星システム（大橋ほか，2001）（太陽光発電のパネルを人工衛星を使って宇宙空間にはり，発電した電力をマイクロ波に変換して地上に送るシステム）の例などをあげる．

3.2 低炭素社会の創成

　こうした技術に夢をかけ，可能性を信じて研究開発を行うことは重要なことであり，だからこそわれわれも学生たちとともに研究を行っているのである．ただ，こうした技術の研究開発さえ行っていれば，地球環境問題が解決すると考えるのは楽観的すぎると筆者は考えている．「エネルギー・環境関連技術の研究開発だけで地球環境問題は解決する」という考え方が，技術万能主義の立場からの地球環境問題への処方箋であるとすれば，明らかにその処方箋による治癒には限界があるといわざるをえない．

　それではなぜ，現実の世界でそうした技術をどんどん導入し，地球環境問題を解決することが困難なのであろうか．それは，ファクター4やファクター10のために候補にあがる技術といったものが，現在普及している技術と比較して一般に経済性が低い（値段が高い）からである．なぜそうした技術の値段は高いのであろうか．この問いに答えるためには，物の値段というものがどのようにして決まるのかを考えなければならない．物の値段を考える上で，経済の分野でよく用いられる産業連関表というデータベースはたいへん実用的で役に立つものである．産業連関表は，日本における商品（財）の流れを金額ベースで表したものである．この表を見ると，たとえば乗用車1台を製造するのに，どのような原材料がどれだけ投入されたかがわかるのである．さらに，産業連関表では乗用車1台を構成するために必要な原材料の一覧表のあとに，粗付加価値というものが加えられる．ここで，粗付加価値とは，自動車メーカーで働く人々の給料や，工場設備の償却費，営業余剰，間接税などの総和を意味する．すなわち，乗用車1台の値段というものは，原材料の値段の総和に粗付加価値を加えたもの，ということになるのである．それでは，投入された各々の原材料の値段はどのようにして決まるのか．それも，産業連関表のデータベースのなかから，たとえば乗用車用のタイヤやフロントガラスなどを検索すれば，タイヤやフロントガラスのすべての原材料と粗付加価値の総和というように分解できる．さらに，その原材料を同じ手続きで原料費と粗付加価値に分解する．こうした作業を次々に繰り返していくとどうなるのであろうか．結局，乗用車1台の値段は，乗用車を構成する直接・間接の原材料製造工程の粗付加価値の総和に還元されるのである．つまり，物をつくる上で，本源的な投入は付加価値部分のみであることになる．これをいうなれば，付加価値価値説とでもいえるのが，産業連関分析の考え方である．

　さてそれでは，物の値段を決める直接間接の粗付加価値とは何であろうか．そ

れは先に述べたように，労働者の賃金，資本設備費，営業余剰，間接税などであり，特に大きいのは賃金と資本設備費である．結局，ある物の値段はそこに投入された直接・間接の労働や資本の投入量が大きいほど高くなることになる．

そこで，これまで述べてきた革新的なエネルギー技術を眺めてみよう．太陽光発電システムやその応用版である宇宙発電衛星システムは，多様な原材料と資本設備の投入の賜物である．また，上述したバイオマスエネルギーは，植物起源のエネルギーであり，その種撒き，育苗，植樹，下草刈り，間伐，伐採など多くの労働力の賜物である．翻って化石燃料の採掘プロセスを考えてみよう．これも探査から採掘まで多くの技術の集積であるものの，いったん巨大な資源を発見し，採掘が開始されると，枯渇に近づくまでは自噴してくる油井やガス田も多い．もちろん，海底油田など採掘や精製に大きな資本設備を必要とする場合もあるが，こうした例外を除いた一般論として比較するならば，資本投入の塊のような宇宙発電衛星や労働投入の非常に大きいバイオマスエネルギー技術より，資本や労働の投入量は小さいといえる．すなわち，革新的エネルギー技術は，在来型の化石燃料をベースとしたエネルギーよりどうしても高くならざるをえないのである．こうした条件を覆すために，多くの研究者が日夜努力しており，このこと自体はすばらしいことである．しかし，化石燃料が本当に枯渇に近づき，海底油田や非在来型石油資源などよほど採掘条件の悪いところからしか化石燃料が得られないという事態に至らない限りは，革新的エネルギー技術が相対的に高くつくという事実は変わらないであろう（図3.25）．

したがって，革新的エネルギー技術の研究開発だけを行い，その導入については市場に任せるという戦略では，ライフサイクル効率ないしライフサイクルCO_2の改善はあまり進まないであろう．

3.2.1項のエネルギー評価では，技術によってエネルギーのライフサイクル効率を引き上げる可能性について論じた．そして，そのライフサイクル効率改善のペースを一定以上にすることによって地球環境を保全し，低炭素社会を実現する可能性を検討した．その結果，技術的にはそうした効率改善は可能であるが，技術開発だけに任せておいてもそうした技術が市場に導入されにくいために，現実の世界における効率改善は難しいであろうと結論づけた．

われわれは，必要な技術さえ開発すれば地球環境問題は解決するとの技術万能主義の立場には立たない．他方，環境税や排出量取引などの制度のみによってこ

図 3.25 バイオマスエネルギー原料としてのユーカリ

の問題が解決されるという市場万能主義的な立場もとらない．

地球環境問題の改善，なかんずく低炭素社会の実現のためには，長期的な技術開発と，開発された技術を効率よく市場に導入する制度を二人三脚でうまく組み合わせなければならない．こうした制度と技術開発の最適な組み合わせを，各地域あるいは各国の状況に応じて見出し，地域固有のシステムパッケージとして導入していくことが重要である．　　　　　　　　　　　　　　　　　　［松橋隆治］

4 システムで学ぶ環境安全

4.1 現代の化学物質による環境問題

4.1.1 化学物質による健康影響・曝露評価

　化学物質に関する問題が浮上するのは，新聞やニュースなどで「水道水（あるいは河川，食品，おもちゃなど）から猛毒の○○を検出」などといった報道がなされることをきっかけとすることが多い．われわれの生活が便利で衛生的で快適なのも化学物質のおかげである，という認識はあるものの，一方でわれわれの生活環境には存在するといわれる数十万種の化学物質の有害性によってわれわれの健康が蝕まれているかもしれない，という不安感も存在している．
　さらに最近の傾向として，このように化学物質は怖い，という不安感に対し，「じつは○○はこわくない」「○○騒動はウソだ」という趣旨の解説が科学者から世に出てきて，われわれ一般人の不安を嗤うような風潮も出てきたためにいっそう状況は複雑になっている．一般の人々は「ではわれわれはどうすればよいのだ」と迷うことになる．どうすればよいか解答は与えられないまま，なんとなくときがすぎ，問題そのものが忘れ去られていく，ということが多いのではないであろうか．過去10年ほどの例でいえば，ダイオキシン問題，環境ホルモン問題などがまさにその例であろう．いっときは新聞に「ダイオキシン」という単語の載らない日はない，とまでいわれたダイオキシン問題を指摘した側と，それを「ダイオキシン騒動」と嗤った側の人々，どちらの言い分もその後きちんとした検証がなされないままにされている．
　ダイオキシン，環境ホルモン，室内環境化学物質と，懸念の対象となる化学物質は変わってきたが，今後も化学物質の有害性を巡る非生産的な議論が続くこと

は避けたいものである．多種多様な化学物質がわれわれの環境中に存在することは真実であり，このうちの一部がわれわれの健康や生態系の保全にとって有害な作用を持ちうることも事実である．その一方で化学物質を活用することでわれわれの生活が便利・快適になっていることは確実である．利便性と有害性のバランスを考えながら行動することが求められている，ということも指摘されて久しい．ここでは，そのための前提条件として，現代の化学物質環境問題を正確にとらえ，その複雑な構造を理解することを目的としている．

a. 日本における化学物質汚染の歴史

わが国の歴史を振り返ると，古い時代から化学物質による汚染の事例は知られている．最も有名なのは奈良時代の大仏建立の際の水銀汚染であろう．その後中世から近代にかけて，日本各地で鉱山活動に伴ういわゆる鉱毒事件が多発したことが知られている．採掘後の精錬などの過程で発生，あるいは鉱滓の管理不十分に由来する有害金属および硫黄酸化物による大気汚染と水質汚染が主であり，農水産物被害という形で顕在化した．ただ，たいへん興味深いことに，江戸時代前半までは，鉱毒問題を起こすと閉山・廃山という結果になることが多く，被害者である農民側の声が重く受け止められる傾向があった（飯島，1993）．

明治以降になるとわが国は四大鉱害事件を経験している．関係するのは足尾銅山，別子銅山，小坂鉱山，日立鉱山である．これらはすべて明治期以降の産業拡大時に生産が増大した鉱山に由来する鉱毒事件である．

そしてわが国は高度経済成長期である1950～70年代にかけ，四大公害事件を経験した．メチル水銀による水俣病（熊本県および新潟県），カドミウムによる富山県神通川流域のイタイイタイ病，硫黄酸化物による四日市喘息である．この公害問題も基本的な構造は明治時代以降の鉱害とまったくかわらない．工場など固定発生源から大気あるいは公共用水域に排出された有害化学物質が，直接，間接的に周辺住民の健康被害をもたらしたもので，これらの事件をきっかけに大気汚染防止法，水質汚濁防止法などの整備が行われた．

b. 現代の化学物質環境問題

鉱害・公害問題以降，化学物質の大気・水環境への排出などに関する規制が厳しくなった．しかしながら法的な拘束力を持つ排出基準は水質で42項目（うち

表 4.1 水質汚濁防止法，大気汚染防止法にかかる排出基準設定項目

	水質汚濁防止法（排水基準*）	大気汚染防止法（排出基準**）
規制対象化学物質	カドミウム シアン 有機燐化合物（パラチオン，メチルパラチオン，メチルジメトン，EPN） 鉛 六価クロム ヒ素 水銀 アルキル水銀 ポリ塩化ビフェニル トリクロロエチレン テトラクロロエチレン ジクロロメタン 四塩化炭素 1,2-ジクロロエタン 1,1-ジクロロエチレン シス-1,2-ジクロロエチレン 1,1,1-トリクロロエタン 1,1,2-トリクロロエタン 1,3-ジクロロプロペン チウラム シマジン チオベンカルブ ベンゼン セレン ほう素 ふっ素 アンモニア，アンモニウム化合物，亜硝酸化合物，硝酸化合物 フェノール類# 銅# 亜鉛# 溶解性鉄# 溶解性マンガン# クロム# 窒素# 燐#	硫黄酸化物 有害物質 ・カドミウム ・塩素及び塩化水素 ・弗素，弗化水素及び弗化珪素 ・鉛 ・窒素酸化物 揮発性有機化合物

*：表中#がついた項目は生活環境項目，他は健康項目．生活環境項目にはこれとは別に pH，BOD，COD，浮遊物（SS），ノルマルヘキサン抽出物質，大腸菌群数がある．
**：排出基準には表にあげた化学物質以外にばいじん（いわゆるスス），粉塵がある．

化学物質は 35)，大気で 9 項目について決められているだけである（うち化学物質は 7)（表 4.1)．1999 年に施行された「特定化学物質の環境への排出量の把握等及び管理の改善の促進に関する法律」により制度化された化学物質排出移動量届出制度（PRTR：Pollutant Release and Transfer Register）によって事業所からの排出量・移動量の届け出が必要とされる化学物質数は 350 種余りと増加しているが，現代社会で使用されている化学物質はきわめて多種多様であり，数え方によって十万とも数百万種ともいわれている．基準などによって規制がかかっていない物質が，公害事件のときのようにいまでも環境中に垂れ流され，われわれの体内に忍び込み，健康を蝕んでいるのでは，という不安が一般市民の間に存在するのも無理からぬことであろう．

公害事件以降に浮上した化学物質関係の事例について，以下に代表的なものについて概略を記す．

水道水の消毒副生成物問題

飲料水の微生物汚染とそれによる消化器疾患は現在でも途上国では乳幼児死亡の大きな要因であるが，多くの先進国では塩素消毒などによって衛生的な上水の供給を行っている．一方で上水の塩素消毒の際，水中の有機物が塩素と反応して様々な消毒副生成物が生成することが知られている．トリハロメタン（tri-halogenated methane）はその最も有名なもので，クロロホルム（$CHCl_3$)，ブロモジクロロメタン（$CHCl_2Br$)，ジブロモクロロメタン（$CHClBr_2$)，ブロモホルム（$CHBr_3$）など，メタンの水素原子が塩素あるいは臭素によって置換されたものである．ほかにもハロ酢酸など多数の消毒副生成物が知られている．

最大の問題は，これら消毒副生成物のなかに発がん性が疑われている物質があることである．水道水は毎日飲むものであるため，その健康影響が懸念された．水道水質基準が策定されており，総トリハロメタン濃度として 0.1 mg/L という基準がある．ただし有害性・発がん性が問題となる消毒副生成物はトリハロメタンだけでなく，上述のハロ酢酸および未同定の化合物を含めて，かなりの種類にのぼる可能性がある．

ダイオキシン類による環境汚染

ダイオキシン類とは，ポリ塩化ジベンゾパラジオキシン（PCDD：polychlorinated dibenzo-para-dioxin)，ポリ塩化ジベンゾフラン（PCDF：polychlorinated dibenzofuran）およびある種のポリ塩化ビフェニル（PCB：polychlorinated bi-

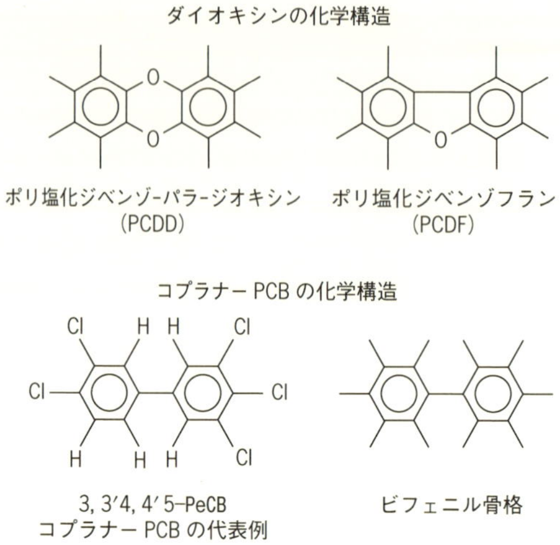
ダイオキシンの化学構造
O
O
O
ポリ塩化ジベンゾ-パラ-ジオキシン
(PCDD)
ポリ塩化ジベンゾフラン
(PCDF)
コプラナー PCB の化学構造
Cl
H H
Cl
Cl
Cl
H
H H
Cl
3, 3′4, 4′5-PeCB
コプラナー PCB の代表例
ビフェニル骨格

図 4.1　ダイオキシン類の構造

phenyl）類の総称である（図 4.1）．焼却，農薬製造，塩素処理（漂白など）の過程で非意図的に生成し，大気，水系を汚染する．この化合物群のなかには，急性毒性が高く，半数致死量（LD_{50}：lethal dose 50）は多くの化学物質のなかで最も小さい値（すなわち毒性が高い）を示す化合物 2,3,7,8-四塩化ジベンゾパラジオキシン（2,3,7,8-TCDD）が含まれる．ちなみにモルモットにおける LD_{50} は 0.6 ngTEQ/kg である．慢性毒性には肝毒性，生殖毒性のほか，発がん性や催奇形性などが知られている．

特に 1980 年代に一般ごみ焼却灰中に高濃度に存在し，それが大気へ排出されていることが知られるようになり，社会問題化した．わが国では環境省，厚生労働省による詳細なリスク評価が行われるとともに「ダイオキシン類対策特別措置法」が成立し（1999 年），耐容一日摂取量や環境基準の策定，汚染防止のための方策や汚染土壌などへの対策などが明示されるに至った．

環境ホルモン問題

もともとは生体内で生成され，微量で生殖・成長などに関与する重要な生理活性を有する化学物質がホルモンであるが，この働きを阻害，修飾する化学物質を総称して外因性内分泌かく乱化学物質（俗称：環境ホルモン）と呼ぶ．1997 年に

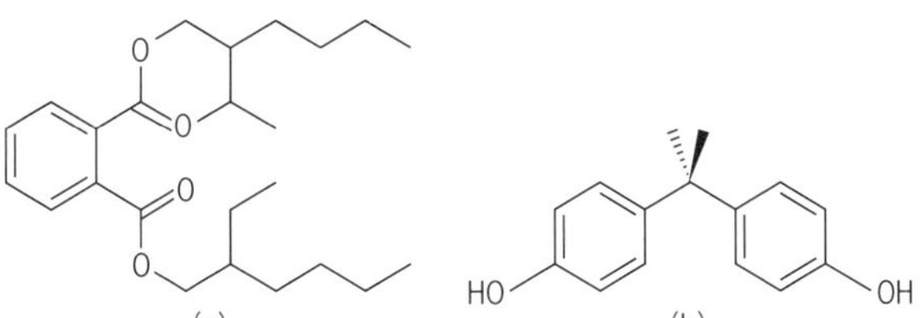

図 4.2 代表的な環境ホルモンであるフタル酸ジ-2-エチルヘキシル(a)
とビスフェノール A (b)の構造

出版された『奪われし未来』によってこれが社会に広く知られるようになった（コルボーンほか，1997）．

ダイオキシン類にもこのような作用があるほか，有機塩素系農薬類，アルキルフェノール類，フタル酸エステル類，有機スズなどの合成化学物質群が含まれる．図 4.2(a), (b) にはフタル酸エステル類，アルキルフェノール類の代表例として，それぞれビスフェノール A とフタル酸ジ-2-エチルヘキシル（DEHP）の構造式を示した．これらの化学物質は，生産現場から環境を汚染するものではなく，散布（農薬）・使用の場から，あるいはプラスチック関連製品からの溶出など，製品として人々に使用されるのに伴って環境あるいはヒトを汚染するものである．

『奪われし未来』では，こうした化学物質が環境中に広く分布している事実とともに，主に北米大陸で見いだされていた各種野生動物の異常やヒトの生殖異常などが紹介され，両者の間の関連をほのめかすものとなっていた．

環境省は 1998 年に 67 の化学物質を「環境ホルモン」の候補として選定し，その後集中的に調査研究を行って，いくつかの化学物質が魚類に対し内分泌かく乱作用を示すこと，ヒトに対する影響は不明，との報告を 2005 年に行った（環境省，2005）．

PPCP

ヒトが内服し，尿中などに排泄された医薬品（およびその代謝産物）のほか，化粧品類などのパーソナルケア製品（PPCP: pharmaceuticals and personal care products）が下水経由で水環境中に分布し，それによって特に水生生物の生態系への影響があるのでは，という懸念が 1990 年代後半以降生じている．PPCP に属する化学物質は多種多様であるが，鎮痛剤（アセトアミノフェン，イブプロフェ

ン，インドメタシンなど），抗生物質（ペニシリン，テトラサイクリンなど），抗がん剤（メトトレキサートなど），鎮静剤（メタカロンなど），経口避妊薬などの医薬品，パラベン類，トリクロサンなどの化粧品類への添加剤などが環境中から検出されている．微量でも生理活性を有するようデザインされたものも多いため，微量の汚染による微生物から魚類など，各種生態系構成要素への影響が幅広く懸念されている．

c. 公害問題と化学物質環境問題

上にあげたような現代の問題を70年代までの鉱害・公害問題と対比すると興味深い．中西（1994）の論点を整理し，多少の追加を加えて表4.2に比較をまとめた．

消毒副生成物やダイオキシン類はそれ自体を目的として生産された化学物質ではなく，安全な飲料水を供給するための塩素消毒過程で，あるいはごみの減量化のための燃焼過程で非意図的に発生した，いわば公共の便益の影で生じた問題である．鉱害・公害問題が特定の企業の営利を目的とした活動のなかで起こった汚染であることと比較すると，単純な話ではない．たとえばトリハロメタンを減ずるために水道水の塩素消毒をやめたらたちまち消化器感染症が発生するであろう．

またダイオキシンにしても環境ホルモンにしても，環境中における典型的な存在量は ng（10^{-9} g）や pg（10^{-12} g）のオーダーであり，ごく微量であるが，長期的に摂取することによる健康被害が懸念された．汚染レベルが低いこともあっ

表4.2 化学物質環境問題と鉱害・公害問題との比較（中西，1994より作成）

鉱害・公害問題		化学物質問題
製品ライフサイクルの前半から(採掘,生産現場) 点発生源，局所的，高濃度	汚染源	製品ライフサイクルの後半から(消費,廃棄) 微量，多種類，広範囲
金属化合物，無機化合物	汚染物	有機化合物
明白	汚染-被汚染者関係	汚染者曖昧
主にヒト健康	対象	ヒト健康，生態系
明白，特異的	ヒト健康影響	曖昧，非特異的
事後，対症療法的，ゼロリスク前提	対策	予防原則，ゼロリスク前提なし

て，ヒトや生物に一見してそれとわかるような激烈な健康影響を及ぼすわけではない．さらに懸念されている健康影響の種類も，がん，内分泌関係，アレルギー性疾患など，原因化学物質に特異的に起こる類の疾患ではなく，それ以外の原因でも起こりうる非特異的な健康影響が主であり，その頻度がやや上昇する，といった程度で，その影響はなかなか見えにくい可能性が高い．

消毒副生成物も環境ホルモンも PPCP も，固定発生源から排出されて環境を汚染するものではなく，飲料水，プラスチック類，食品包装材，医薬品，化粧品などの形でわれわれの生活のなかに深く広く入り込んだ化学物質に由来する汚染である．

このように，1980 年代以降の現代の化学物質問題は，それまでとはいろいろな点で異なることがわかるであろう．

d. 予防原則

予防原則 (precautionary principle) はわれわれが公害事件から学んだ重要な概念である．ある健康影響が見いだされ，その原因としてある事業所から排出あるいは生産される化学物質が疑われているとしよう．その際，その汚染物と健康影響との間の因果関係を明らかにしてからその事業所が責任を持って対策を行うことが「科学的」ではあるであろう．しかしそれをやっていたら，被害は拡大してしまう可能性がある．一般に因果関係の科学的な証明には時間がかかるものであるからである．実際に公害事件の際にこのような被害拡大があったことが指摘されている．

そこで，疑わしい事案がある場合に，因果関係の証明を待たずに，対策を「見切り発車」してしまうことを予防原則という．鉱害・公害事件以降，予防原則に則った対策が望ましいと考える立場が主流となった．しかし，当然のことながら，後になって因果関係がないことが明確となり，施された対策が見当はずれであったことが明らかになる場合もあるであろう．このような場合，化学物質汚染の疑いをかけられ，莫大な費用を必要とする対策を余儀なくされた事業所・業界などは，結果的に無駄な投資などを行ったこととなるために，予防原則的なアプローチには慎重な態度をとるのが一般的であろう．

予防原則的なアプローチを強いられ，甚大な損害を被る危機に直面することになる産業界側からは，そもそもその化学物質による環境問題は存在するのか，と

いう疑問が投げかけられることとなる．特にダイオキシン問題，環境ホルモン問題では，塩ビほか各種プラスチック関連の化学工業界からこの種の反論が寄せられた．

e. 化学物質環境問題の問題点

表 4.2 に示したように，鉱害・公害問題と化学物質環境問題には様々な違いがあるが，最も特徴的なのは，後者が内包する「曖昧さ」であろう．まず，上述の通り，化学物質環境問題における健康影響は見えにくい．したがって問題が存在するのかどうかさえ曖昧である．また，公共の便益に伴って発生する化学物質問題については，誰が便益を得ており，誰が汚染者か，が曖昧である．また対策においても，明確な因果関係によらない，予防原則的アプローチをとらざるをえない．このため，「そもそも環境問題があるのかどうか」に関する議論が生ずるもととなるし，「加害者」側と見なされる関係者に困惑を招き，いわゆる「○○騒動」として揶揄・批判を浴びる原因ともなる．

f. 化学物質環境問題とリスク

目に見えにくい「化学物質環境問題」を，見やすくするための工夫が必要である．それにはリスクという概念を使用するとよい．リスクとは，「ある技術の採用とそれに付随する人間の行為や活動によって，人間の生命の安全や健康，資産ならびにその環境に望ましくない結果をもたらす可能性」と日本語で定義されている（池田・盛岡，1993）．化学物質について読み替えると，「化学物質の生産・使用・廃棄によって，人間の生命の安全や健康，生態系の保全にとって望ましくない結果をもたらす可能性」となろう．「可能性」とは確率であり，定量的な表現をすることができる．

「おそろしさ」の定量化

人間の健康・生命にとって望ましくないこととは，病気になること，死亡することなど，ヒトとして根元的なおそれにつながるものである．そのため，われわれが発がん性や催奇形性のある化学物質，と聞くと，感情的なおそれ・不安が，過剰な（しかもしばしば非論理的な）反応を引き起こすきっかけになりうる．しかしその「望ましくないこと」が定量的に表現できれば，われわれの態度も変化しうるのではないであろうか．

4.1 現代の化学物質による環境問題

化学物質によるヒト健康リスクは,

$$P = f(D)$$

と表すことができる．P は望ましくないことが起こる確率（＝リスク），D は曝露量，f は曝露量と影響の間の関数（これを量-影響関係 dose-effect relationship という）である．つまり，ある化学物質のリスクの大きさとは，われわれがその物質に接する量（曝露量）と，その物質が持つ単位量当たりの健康影響の大きさに由来する．

たとえば大気中に存在するベンゼンは人間に白血病を引き起こす発がん物質である．これだけ聞いて「ベンゼンはこわい」と考えてしまうわけであるが，どれくらい「こわがる」のが適正かはわからない．ベンゼンの持つリスクの大きさは，わが国の一般大気中ベンゼン濃度（$1.5\,\mu g/m^3$，平成 19 年度全国 459 地点平均値）とベンゼンの発がん単位リスク（$3\sim7\times10^{-6}\,[\mu g/m^3]^{-1}$）とを考えると，$1.5\times5\times10^{-6} = 7.5\times10^{-6}$ となる．これは $1.5\,\mu g/m^3$ のベンゼンを一生涯呼吸し続けたヒト 100 万人当たり 7〜8 人が白血病になりうる，ということを示す．様々な要因について，このようにリスクを算出していくと，個々の数字に対するこわさが整理できる．表 4.3 にわれわれの身近な化学物質の発がんリスクを一覧した．たとえば何らかの対策によって曝露量を半減させたとして，それによって減ずるリスクの大きさがどれくらいであるか，こうした計算結果を参考にするとわかりやすい．なおこうしたデータを評価する際に，わが国における年間がん死亡者数が 30 万人オーダーであることを念頭に置いておくことも重要である．

発がん性以外の有害性については別の考え方をする．曝露量と許容量との比を見るのである．ここでいう許容量とは，正式には耐容一日摂取量（TDI: tolerable daily intake）といい，生涯その量に曝露し続けたとしても，その物質によ

表 4.3 身近な発がん化学物質の発がんリスク

化学物質	主な曝露媒体	曝露レベル*	単位リスク**	リスク	年間発がん者数推定値
ベンゼン	大気	$1.5\,\mu g/m^3$	$3\sim7\times10^{-6}\,[\mu g/m^3]^{-1}$	$0.45\sim1.1\times10^{-5}$	7〜17 人（白血病）
ホルムアルデヒド	室内空気	$30\,\mu g/m^3$	$1.3\times10^{-5}\,[\mu g/m^3]^{-1}$	3.9×10^{-4}	590 人（鼻咽頭がん）
無機ヒ素	食物	$0.24\,\mu g/kg/$日	$1.5\,[mg/kg/$日$]^{-1}$	3.6×10^{-4}	540 人（皮膚がん）
ベンツピレン	食物	$1.8\,ng/kg/$日	$7.3\,[mg/kg/$日$]^{-1}$	1.3×10^{-5}	20 人（胃がん？）

＊：ガス状物質は空気中濃度．食物からの摂取は体重 1 kg 当たり一日摂取量．わが国における平均的なレベル．
＊＊：米国環境保護庁（EPA）による推定値（http://www.epa.gov/iris/）．

る悪影響が出ない量を表す．単位は一日当たり，体重1kg当たりの当該物質量である．曝露量とTDIの比をハザード比（HQ: hazard quotient）と定義する．つまりHQが1を超えると，それは許容量を超過したことを意味する．そしてHQが小さければ小さいほどリスクは少ない，と考える．たとえばダイオキシン類についてTDIは4 pg TEQ/kg/日と定められている．1999年に行われた日本人のダイオキシン類摂取量調査では平均値で2.6 pg TEQ/kg/日と見積もられているので，HQ＝2.6/4.0＝0.65となる．表4.4には身近な化学物質のHQを例としてあげた．この表で推定摂取量は2000年以降の一般公衆（特別な曝露のない人々）のものをピックアップしてある．HQは10^{-4}オーダーの低いものもあり，ダイオキシン類の0.65は比較的リスクが大きいものであることがわかる．

　同様の方法で，環境省は化学物質の生態系へのリスクの見積もりを行っている．毒性試験から推定される，藻類，甲殻類，魚類などの指標生物に影響を及ぼさないであろう予測無影響濃度（PNEC: predicted no-effect concentration）と，当該化学物質の予測環境中濃度（PEC: predicted environmental concentration）との比（PNEC/PEC）をとる．PNECは実際の毒性データを，アセスメント係数という安全係数（10～1000）で割った値であり，上記のヒト健康の場合のTDIに該当する．PNEC/PEC＞1の場合，生態影響の可能性があるので，詳細な調査を必要とする，＜0.1であればその必要性は少ない，その中間である場合，情報収集を行いながら推移を見守る，などと行政側が判断するために用いられる．

表4.4 非発がんリスク一覧

化学物質	推定一日摂取量*	TDI*	HQ
ダイオキシン類	2.6 pg TEQ/kg/日	4.0 pg TEQ/kg/日	0.65
鉛	8.0 μg/kg/週	25 μg/kg/週	0.32
カドミウム	2.9 μg/kg/週	7 μg/kg/週	0.41
ビスフェノールA	0.2 μg/kg/日	10 μg/kg/日	0.002
フタル酸ジ-2-エチルヘキシル	1.73 μg/kg/日	50 μg/kg/日	0.035
フタル酸ジブチル	2.18 μg/kg/日	10 μg/kg/日	0.22
フタル酸ブチルベンジル	0.13 μg/kg/日	500 μg/kg/日	0.0002

ダイオキシン類：環境庁ダイオキシンリスク評価研究会（1997），鉛：Aung et al. (2004) およびWHO（1987），カドミウム：食品安全委員会（2008），ビスフェノールA：中西ほか（2004）およびScience Committee on Food（2002），フタル酸エステル類：Suzuki et al.（2009）およびEuropean Food Safety Authority（2005）.
＊：鉛とカドミウムについては週間摂取量と耐容週間摂取量．

リスクトレードオフ

水道水の塩素消毒の例のように,消化器感染症リスクを減ずるために消毒副生成物によるリスクが増加する,というジレンマが化学物質環境問題における最大の問題の1つである.あるリスクを減ずる(このリスクを目的リスクという)ために新たなリスクが生じる(対抗リスクという)ことをリスクトレードオフ (risk trade-off) といい (Graham and Wiener, 1995),これは最も解決が難しい問題である.通常,こうした場合の対策として,技術的にリスクを減ずる方法を取り入れることがまず考慮される.たとえばダイオキシンの場合,発生源として重要な焼却炉におけるごみの焼却方法(燃焼温度など)や,燃焼ガスの処理法の改善などにより大幅に発生量を低下させることができた.しかし飲料水の殺菌については,オゾン殺菌法など試されたが,コストの点などで必ずしも塩素消毒法を代替しうる方法ではなく,現在でも有効な代替法は見いだされていない.

では目指すべき殺菌法はどんなものであろうか? 理想としては,殺菌によって有害なものがまったく生じない,無害なものが望ましい.しかしながらオゾン殺菌を含めて,実際に達成しうるものは必ずしも100%無害=ゼロリスクではない.そもそもゼロリスクという考え方は受け入れられなくなってきている.

こうしたケースの考え方として,塩素(あるいはオゾン)消毒をする場合しない場合双方のリスクを比較して,消毒をすることが総体としてのリスクを減ずるのであればその消毒法を継続する,という判断がありうる.図4.3には,水道水の塩素消毒強度と,それに伴うジアルジア (*Giardia lambria* という原虫) 感染症死亡リスクとがん死亡リスク,およびその総和を示した(中西ほか,2003).まったく消毒をしない場合 (CT(塩素消毒強度)=0) の感染症死亡リスク 1.4×10^{-4} と,ここで検討されている最大消毒強度での発がん死亡リスクは 4×10^{-6} である.こうした極端な比較もできるが,より現実的には,両者のリスクを認め,その和が最小になる消毒強度を見つける,ということに利用される.

ただし,図4.3はあくまでもジアルジア感染とがんによる死亡を取り上げて比較したものであるが,感染症が主に小児に影響を及ぼし,がんは中高年に影響を及ぼすので,単純な比較がよいのか,というのも気になるところである.小児の死は高齢者の死より,公衆衛生指標である平均寿命への影響が大きいことはよく知られている.さらには,死ななければよいのか,という問題がある.死は究極的な「望ましくない」健康影響であるが,死には至らないまでも,病気になって

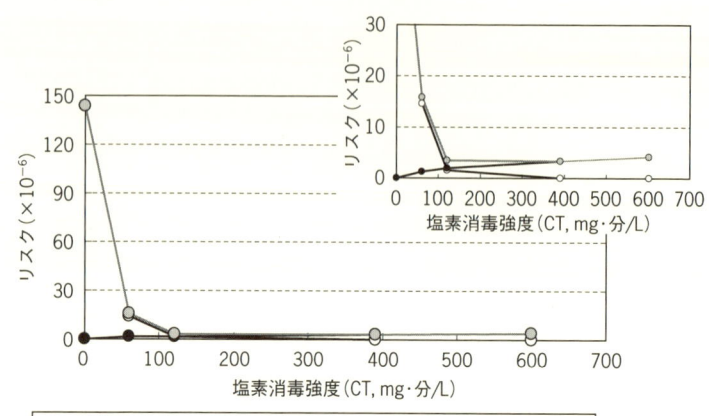

図 4.3 塩素消毒強度とジアルジア感染およびがんによる死亡リスクの関係(中西，2003 より作図)

苦しい思いをする，というのも望ましくはないであろう．すなわち，こうしたリスク比較をより現実的な場面で使用するためには，各種の健康影響の「望ましくなさ」を同じ土俵の上で比較できるような考え方が必要となる．これらに対する解決法として，失われる寿命(損失余命)を指標とする方法，障害調整生存年数(DALY : disability-adjusted life year)を指標とする方法などが提案されている．

リスク便益分析

何らかの対策を行うことでリスクを減らすことができるケースについて考えてみよう．対策を行うためには，必ず何らかのコストがかかる．簡単にリスク低減が達成できる対策もあるであろうし，巨額の対策費を必要とするものもあるかもしれない．対策にかかるコスト(もともとあったリスクと裏腹の便益と見なすことができる)と，減らせることのできるリスクから，対策の効率を見積もることができる．こうした方法をリスク便益分析(risk benefit analysis)という．ヒト健康や生態系を守るための環境化学物質対策とはいえ，無限の財源があるわけではなく，優先順位をつけざるをえない．リスク便益分析はそういう際に役に立つ．

表 4.5 には，過去に行われたいくつかの環境化学物質対策の便益/リスクの計算結果(岡，1999)を示した．この表にあげた便益/リスクは，様々な仮定を前提としているので，その絶対値にもとづいて議論するよりは，便益/リスク相互の比較にもとづいた議論を行うことが適切である．ダイオキシン類について，特別

表4.5 環境化学物質対策に関するリスク便益分析結果(岡, 1999)

事 例	便益/リスク比(万円/[人・年])*
シロアリ防除剤クロルデンの禁止	4500
苛性ソーダ製造での水銀法の禁止	57000
ガソリン中ベンゼン含有率の規制	23000
ごみ焼却施設でのダイオキシンの規制(緊急対策)#	470〜5000
ごみ焼却施設でのダイオキシンの規制(恒久対策)#	3200〜34000

＊：リスクは損失余命(単位：人・年)として算出.
＃：ごみ焼却場緊急対策.

措置法によって焼却炉対策を行ったことを批判する声があるが，ここに示した化学物質対策のなかで，少なくとも焼却炉への緊急対策はかなり効率的にリスクを削減したことを示している．

ここで大事なことは，リスク対策が新たな別のリスクの源となりうることを忘れてはいけないことである．これについては先に述べたようなリスクトレードオフを考慮し，便益/リスクの分母であるリスクは，対策によって減少したネットのリスク(対策によって減少した目的リスクの大きさ－対策によって増加した対抗リスクの大きさ)でなければならない．

g. まとめ

現代の化学物質環境問題とは，そのルーツである鉱害・公害問題とはかなり異なった側面を持っている．最大のポイントは，現状の汚染レベルでの化学物質による健康影響を含め，問題が存在するのかどうか明確に見えづらい点である．化学物質環境問題を正しく理解し，必要かつ適切な対策を選択するには，リスクという概念を活用するとよい．

毒性学の祖といわれる中世の医師・化学者であるパラケルススが「過ぎれば毒」といったといわれているが，実はすべての化学物質は量が多くなれば有害である．われわれは多種多様な化学物質を利用しながら，あるいは非意図的に接触しながら生活している．したがって個々の化学物質の有害性の有無のみに目を奪われるのではなく，その有害性が発現する可能性＝リスクの大きさに注目することが，まず大切である．また，そのリスクの対価としてわれわれが得ているであろう便益にも思いを馳せる必要がある．問題となるリスクを取り除くのがよいのか，何らかの工夫によってリスクを低減化するような方策をとるべきなのか，便

益とのバランスを考える必要がある．さらにはその対策コストや対策によって新たにもたらされるリスクについても考慮しなければならない． ［吉永 淳］

4.1.2 室内環境

a. 室内環境と健康影響

シックハウス症候群という言葉を耳にしたことがあるであろうか？ 新築住宅に入居したあとやリフォームのあと，居住者に現れる体調不良のことである．人は生涯のうちの大部分を室内で過ごす．その環境について関心が持たれ始めたのは，1970年代アメリカで，このような事例がたびたび報告されるようになったのが始まりのように思われている．しかし，実際には戦前にまでさかのぼり，1936年に発行された住宅衛生文献集（同潤会，1936）には，日本家屋の換気について論ぜられた1902年の文献が集録されている．また，1951年に公布された結核予防法同施行規則（厚生省，1951）には，医師の指示事項として「結核を伝染させるおそれがある患者の居室の換気に注意をすること」とある．このように室内環境の問題は，ヒトの健康，快適性と密接に関連しあって，長い間検討が重ねられてきた．当時はまだ室内で火鉢などの燃焼器具を使用していたため，室内環境の問題は，主に二酸化炭素や一酸化炭素による室内空気の汚染を防ぐための換気に重点が置かれていた．対して，近年の室内環境問題は，もっぱら室内空気中の化学物質に主眼が置かれている．化学物質が原因で発症する化学物質過敏症は，多量の化学物質の曝露，あるいは微量の化学物質に長期間曝露した場合に生じる健康影響であり，症状は目，鼻，喉などへの粘膜症状から頭痛，消化器症状，倦怠感など多岐に渡る．このうち原因物質の発生源が室内にあるとされる場合をシックハウス症候群（欧米ではシックビル症候群）と呼び，広義には化学物質だけでなくダニ，カビなどの生物因子を原因物質として含める場合もある（厚生労働省，2009）．国内においてシックハウス症候群は，2004年に診療報酬請求ができる傷病名として認定され（厚生労働省，2004），化学物質過敏症も2009年に同じく傷病名として認定された．こうして化学物質による健康影響は社会的に認知され，化学物質濃度の低い健康的な室内空気質が実現できるような建材を使用するなど発生源を中心とした対策がさかんに行われている．

b. 法的規制とその影響

良好な室内環境の維持を目指した最初の法規制としては，1970 年 4 月 14 日に公布された「建築物における衛生的環境の確保に関する法律（建築物衛生法，ビル衛生管理法）」（厚生労働省，2003）があげられる．この法律は主に公衆衛生の視点から定められた法律であるが，このころから海外において建材や家具，日用品から放散されるホルムアルデヒドによる健康影響が報告されるようになり，国内においても住居内におけるホルムアルデヒドなどの有機化合物について，実態調査が盛んに行われるようになった．1980 年台には，日本農林規格（JAS）や日本工業規格（JIS）によりホルムアルデヒドの放散量に基づいた合板や日用品の規格が制定され，2003 年に施工された改正建築基準法（国土交通省，2003）では，ホルムアルデヒド放散速度をもとにした建材のラベリングが行われた（表 4.6 参照）．

また，厚生労働省からは，1997 年に室内のホルムアルデヒド濃度指針値が示され，その濃度測定法についても定められている（厚生労働省，2002）．建築物衛生法では，建材から放散されるホルムアルデヒドの放散速度が最大となる時期の室内濃度を求める目的で，新築あるいは大幅なリフォームを行ったあとの直近の 6 月から 9 月に，室内のホルムアルデヒド濃度を測定することとしているほか，学校環境衛生の基準（文部省，1992），住宅基準法では室内空気中のホルムアルデヒドやトルエン濃度の測定が義務づけられている．その後ホルムアルデヒド以外にも厚生労働省により健康影響が懸念される指針値物質が追加され，現在では 13 化学物質の室内濃度指針値が示されている（厚生労働省，2002）．この指針値により建材メーカーや塗装メーカーでは，規制物質の使用を避けた製品を開発，供給するようになった．しかし，水なしで絵の具が塗れないように，有機溶剤を完全に除去した製品を提供することは不可能であることから，結果として健康影響

表 4.6 ホルムアルデヒド放散速度による建材のラベリング

放散速度(mg/m²/h)	区分	使用面積	JIS表示
0.005≧	規制対象外	制限なし	F☆☆☆☆
0.005＜～≦0.02	第三種建材	換気回数などにより使用面積が制限される	F☆☆☆
0.02＜～≦0.12	第二種建材		F☆☆
0.12≦	第一種建材	使用禁止	F☆

が明らかではない物質も含め多種類の有機化合物が代替品として使用されるようになった．これらの有機化合物の健康影響について個々に明らかにすることは不可能であるが，指標として，空気中の有機化合物濃度を統合して扱う総揮発性有機化合物（TVOC）の濃度を用いた室内空気質の評価方法が広まりつつある．TVOCに含まれる有機化合物の定義は，狭義にはガスクロマトグラフによる分析範囲をもとに決められているが，広義には，空気中にガス状で存在する有機化合物（VOC）の総量を示す（相澤，2004）．厚生労働省では，居住住宅の実態調査により実現可能な数値としてTVOCの暫定目標値（400 μg/m³）を示している．この値は，様々な調査結果により，それ以下であればシックハウス症候群を発症する可能性が低いと考えられる値であり，諸外国の基準値に比べて厳しいものではない（シーエムシー出版編集部，2001）．よって，個々の有機化合物の健康影響が明らかでなくても，予防原則の立場から，人が生活する室内では「室内のTVOC濃度が400 μg/m³ 以下」という値を必ず遵守すべきであるといえる（表4.7）．

一方，空気質を改善する方法として，換気があげられる．近年の住宅では，省エネルギーの観点から，冷暖房時におけるエネルギー消費を抑えるための高気密化が進んでおり，漏気を含んだ自然換気量が減少している．そのため室内の空気

表4.7 厚生労働省による室内濃度指針値

物質名	発生源	室内濃度指針値
ホルムアルデヒド	合板, PB, 集成材, 壁紙接着剤, ガラス繊維断熱材など	100 μg/m³
トルエン	油性ニス, 接着剤, 木材保存剤など	260 μg/m³
キシレン	油性ニス, ペイント, 接着剤, 木材保存剤など	870 μg/m³
p-ジクロロベンゼン	防虫剤, 防ダニ剤, 消臭剤など	240 μg/m³
エチルベンゼン	有機溶剤塗料, 接着剤など	3800 μg/m³
スチレン	発泡ポリスチレン, 断熱材, 合成ゴムなど	220 μg/m³
クロロピリフォス	防蟻剤など	1 μg/m³ ただし小児では0.1 μg/m³
ジブチルフタレート	塩化ビニル製品など	220 μg/m³
テトラデカン	塗料の溶剤, 灯油	330 μg/m³
ビス(2-エチルヘキシル)フタレート	プラスチック製品などの可塑剤	120 μg/m³
DAIAZINON	殺虫剤など	0.29 μg/m³
アセトアルデヒド	接着剤, 防腐剤	48 μg/m³
FENOBUCARB	防蟻剤など	33 μg/m³
TVOC(暫定目標値)		400 μg/m³

が外気と入れ替わる量は著しく制限され,結果的に室内の TVOC 濃度が上昇してしまう傾向にある(柳沢,2005).つまり室内空気汚染物質が二酸化炭素や一酸化炭素から VOC へ変わっただけで,過去の室内環境問題が再燃してしまったのである.これに対して改正建築基準法では,換気回数についても規定しており,居住者が生活する空間には 1 時間当たり 0.5 回の換気回数(1 時間当たり室内空気の半分が外気と入れ替わる)が実現できる 24 時間機械換気設備を設置することが義務づけられている(国土交通省,2003).ただし,本規準では換気形式による既定はなく,最も一般的な換気方法である第 3 種換気(ファンを用いて排気のみ強制的に行う)を設置した建物において,ドアや引き戸などにより換気のための気流が遮断されてしまうと,強制排気口のある部屋(多くはトイレや階段室)が陰圧となってしまう場合がある.このような例では,計画上の換気量が確保できないばかりでなく,断熱材など壁内部の建材から VOC を引き出してしまう結果となる.そこで設計したとおりの換気回数が確保できているかを確認することが望ましいが,そのためには二酸化炭素ガスを用いた濃度減衰法(JIS A 1406, 1974)や六フッ化硫黄(SF_6)を用いた一定濃度法(空気調和・衛生工学会規格,2003),あるいはトレーサガスを用いた定常発生法(PFT 法)など,いずれも大がかりな装置や分析機器を用いた調査を行わなければならず,測定コストも高額になるため容易に行うことはできない.また,換気設備が整っていても,換気音や省エネルギーのために居住者が 24 時間機械換気設備のスイッチを切ってしまうこともありうる.このように実際の居住状態は,法整備だけでは把握しきれない多くの要素を含んでいる.

以上のような事情から,発生源対策,空気質改善対策を含めた様々な法整備が行われていても,現実には化学物質による健康影響を訴える人の数を減少させることができていないのが現状である(国土交通省,2006).ここに,潜在的な現在の室内空気質改善対策の盲点と難しさが存在しているのである.

c. 事例紹介

ここで 1 つの事例を紹介しよう.

0 歳児から就学前の児童を対象とした保育施設が新たに建設されることになった.建設に当たっては,シックハウス症候群を引き起こさないよう,改正建築基準法に定められたとおりの 24 時間機械換気が設置され,建材には室内で制限な

く使用できるとされるF☆☆☆☆（表4.6参照）の木材を中心としたものが使用された．さらに，保育室内で使用されるロッカーやベビーベッドなどは，持ち込み前にVOCの放散量がきわめて低いことが確認された．また，竣工後，建築業者から引き渡しを受ける際には，学校環境衛生の基準（文部省，1992）のとおり，外部測定業者による室内空気質調査が行われ，ホルムアルデヒド，アセトアルデヒド，トルエン，キシレン，エチルベンゼン，スチレンの6物質について厚生労働省による指針値を下回っていることが確認された．図4.4に保育室の平面図を示す．

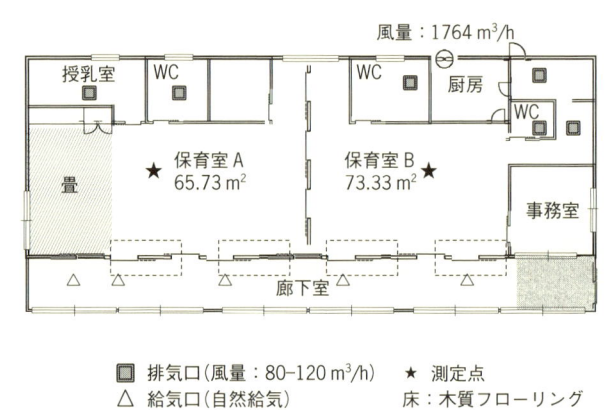

図4.4 保育室平面図

開園直前の保育室内空気質調査

以上のように，法的規制による要件を満たした保育室内の空気質は，良好に保たれると考えられた．しかし，開園直前の詳細な調査により，現状のままでは健康的な園生活を送るのはきわめて困難であることが判明した．表4.8に開園直前のVOC濃度を，図4.6にTVOC濃度と厚生労働省による指針値物質濃度および同定できた物質の濃度の割合を示す．

表4.8に示したとおり，引渡しの際の結果と同じく，厚生労働省による指針値物質については，いずれも指針値を下回っており，この点では問題のない空気質であると判断された．しかし，TVOC濃度は厚生労働省の暫定目標値400 $\mu g/m^3$を大きく超過し，保育室Aでは暫定目標値の6倍近い2300 $\mu g/m^3$ にまでなることが示された．さらにTVOC濃度は床上120 cmより床上30 cmの濃度が

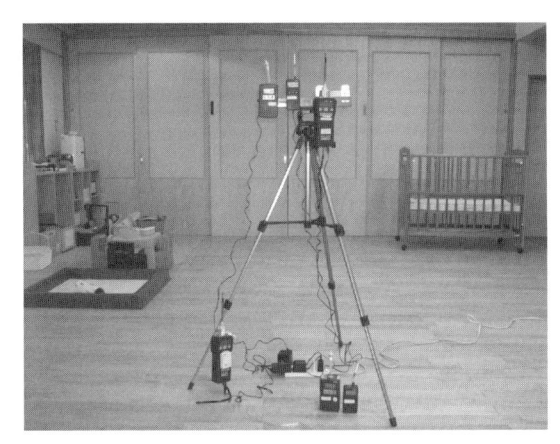

4.1 現代の化学物質による環境問題

図 4.5 測定風景（保育室 B）

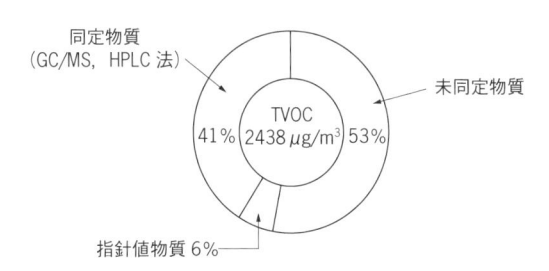

図 4.6 保育室 A の空気中 TVOC 濃度割合
- 同定物質（GC/MS, HPLC 法）41%
- 未同定物質 53%
- 指針値物質 6%
- TVOC 2438 μg/m³

表 4.8 開園直前の保育室内化学物質濃度（μg/m³）

物質名	保育室 A	保育室 B (床上 120 cm)	保育室 B (床上 30 cm)
ホルムアルデヒド	9.50	7.40	7.00
アセトアルデヒド	33.0	23.0	21.1
トルエン	16.9	11.2	10.7
エチルベンゼン	6.40	8.30	10.7
m,p-キシレン	4.40	5.40	7.70
スチレン	60.0	12.2	15.9
o-キシレン	4.00	4.90	6.60
TVOC (GC/MS)	2330	1220	1590

高いことから，VOC の発生源は主に床など低い位置にあると考えられた．また，保育室 A では，蓄熱式の床暖房が設置されており，床の一部が畳であることから保育室 B に比べ床からの VOC の放散量が大きいものと考えられた．また，図 4.6 に示した TVOC 濃度と指針値物質濃度および同定物質濃度の割合によれば，保育室内で検出された TVOC のうち指針値物質の濃度割合はわずか 6% にとどまっており，標準物質により物質名と濃度を知ることができた VOC も 41% にすぎなかった．それ以外の 53% の VOC は，これまで室内で検出される VOC として取り扱われていないものであり，むろん健康影響もよく知られていない物質が多い．また，指針値物質以外に高濃度で検出された物質として α-pinene があげられる．これは，「ひのきの香り」として馴染みの深い，木材から多量に放散される VOC である．近年自然素材を使用した住宅において高濃度で検出されるケースが多いが（樋田ほか，2007），自然素材であるから心配ないという考え方にも大きな問題がある．「いいにおい」でも度を越せば悪臭になるのと同様に，高濃度になってしまっては，リラックス効果どころではない．

以上の結果が示すとおり，法的規制のクリア，すなわち指針値物質濃度のみによる室内空気質の評価方法には盲点があり，現状に即した評価方法が必要なのである．

一方，換気の面からこの保育施設を見てみると，設計段階では，0.5 回/時以上の換気回数が確保できることになっており，室内密閉時の VOC 濃度上昇曲線から推算すると[*1]，換気回数は，約 1 回/時であった．しかし，保育室は多人数

[*1]：密閉された室内において TVOC 濃度は，建材などからの VOC 放散により徐々に高くなり換気量とバランスのとれたところで一定になる．よって TVOC 濃度の経時変化から，換気式 (1) を用いて換気回数を推算することができる．以下に TVOC 濃度の経時変化を用いた換気回数計測の手順を示す．なお，TVOC 濃度のリアルタイムモニタリングには，光イオン化検出器 (PID) を使用した．① 窓などの外気導入口を全開とし，室内の TVOC 濃度を外気濃度と同等にする．② 窓を閉め切った状態にする．③ PID モニタにより TVOC 濃度のリアルタイム計測値を記録する．④ TVOC 濃度が徐々に上昇する．⑤ TVOC 濃度がほとんど上昇しなくなるまで，数時間計測を続け，濃度を記録する．⑥ 室外濃度を C_0 とし，TVOC の放散速度を一定とすると，経過時間に対する TVOC 濃度の変化から，換気回数 (F/V (1/h))，放散速度 (E (μg/h)) は式 (1) から求まる．

$$C(t) = C_0 + \frac{E}{F}(1 - e^{-Ft/V}) \tag{1}$$

ただし，$C(t)$：時刻 t における室内濃度(μg/m³)，C_0：室外濃度(μg/m³)，E：放散量(μg/h)，F：換気量(m³/h)，t：時間(h)，V：室容積(m³) である．⑦ 窓閉め後の時刻 t_1 から t_2 までの TVOC 濃度上昇曲線を，式 (1) にフィッティングすることにより，TVOC 放散速度と換気回数を推算した．

図 4.7 排気口室への気流の様子

が生活する空間であることから，同年代の児童が生活する幼稚園の換気回数規準 2.2 回/時（文部省，1992）に比べると，不足していると判断される．また，換気経路における空気の流れの面から見ると，この保育施設では 24 時間機械換気設備（第 3 種換気）が導入されており，給気口を廊下室天井に設置し，排気はトイレおよび授乳室天井に設置された排気ファンにより強制的に行われることになっている（図 4.4 参照）．そこで，排気経路付近の空気の流れを可視化して確認するために，排気口室（トイレ）の引き戸を図 4.7 に示した通り 10 cm 程度開け，紙テープを設置したところ，紙テープは即座に内部へ引き込まれ，周辺の空気がこの部分を通って排気室へ流入していることが観察された．これは，保育室から排気口室への排気のための気流がこの部分に集中していることを示しており，排気口室の引き戸が閉じられた状態では，換気経路が遮断され，保育室内の換気が十分に行われないことが明らかとなった．

TVOC 濃度低減化対策

一般に住宅内の TVOC 濃度を低減し，健康で快適な空間を確保するために，換気は大変有効な手法であり，その効率を上げるためには十分な換気量を確保するとともに換気経路が確保されている必要がある（Andrea et al., 2009）．そこで，この保育施設においても次に示す①から④の換気経路の確保と換気量の増加により室内の TVOC 濃度削減を目指した．

① 換気経路に当たる引き戸は，閉鎖せず 15 cm 程度開いている状態とする

(図 4.8).
② TVOC 濃度が特に高い保育室 A の窓に窓付け換気扇を増設し，24 時間稼働させ強制的に換気量を増加させる（図 4.9）.
③ 保育室に隣接した厨房の換気扇は，保育中稼働させ，換気量を増加させる．
④ 保育中は，できるだけ窓開け換気を励行する．

図 4.8　窓付け換気（外側）

図 4.9　窓付け換気（内側）

図 4.10 引き戸の開放

3 カ月後の保育室内空気質調査

TVOC 濃度低減対策を約 3 カ月続けた後,開園直前と同様にして保育室内の VOC 濃度を測定した結果を表 4.9 に示す.

開園直前には,2000 μg/m³ 以上であった TVOC 濃度が約 1/10 に低減しており,個々の物質についても大幅に濃度が減少していた.

以上のように,新築の建物では,指針値物質の濃度が低く保たれるよう工夫されていても,しばしば TVOC 濃度が暫定目標値 400 μg/m³ を大きく超過する場合が多く,このような住宅では,0.5 回/時の換気回数では室内空気質の改善を図ることはできない.しかし,室内環境の実態を認識し,規制以上の換気量が確

表 4.9 対策 3 カ月後の保育室内化学物質濃度 (μg/m³)

物質名	保育室 A	保育室 B (床上 120 cm)	保育室 B (床上 30 cm)
ホルムアルデヒド	6.30	6.01	7.06
アセトアルデヒド	9.48	8.75	9.74
トルエン	9.63	<0.2	7.54
エチルベンゼン	0.687	<0.2	<0.2
m,p-キシレン	1.11	<0.2	<0.2
スチレン	2.39	<0.2	<0.2
o-キシレン	0.687	<0.2	<0.2
TVOC (GC/MS)	201	48.5	82.0

保できる換気を行うことにより室内空気質を短期間で改善することができるのである．

d. 室内環境における課題

室内環境学は，科学あるいは工学だけで論ずることのできる学問ではなく，法律や経済，教育などとともに成り立つ，いわばバランス学である．

ここまで述べてきたように，室内空気質は複数の要因によって左右されており，その改善方法には，建材の選択，施工法，住まい方を含め複数の方法が存在する．室内環境の改善に対し，法整備は建材，施工メーカーの努力を引き出すために有効な手段である．しかし，それは常にメリット，デメリットの二面性を持って室内環境に影響を与える．また，複数の法整備はしばしば互いに矛盾した結果を導く．したがってわれわれは法整備がなされたことに安心せず，その結果として現れる環境変化に対して注意を払う必要がある．そして最も重要なことは，その変化を予測し，迅速に対応できるシステムを構築することである．さらにそのようなシステムが健康的で快適な室内環境を実現・維持するためのシステムとして機能するためには，法整備，メーカーの課題克服努力，居住者の理解および工夫などのバランスのとれた対応が不可欠であることをわれわれは意識しなければならない．

［柳沢幸雄・野口美由貴］

4.2 実験研究の安全構造とシステム学的アプローチ

最近,「安全・安心」という言葉をよく耳にする．人間が，個として，あるいは種として，その生命や生活を脅かす様々な問題や不安を排除し，快適に生存することを望むといった本能的欲求が原点にあることから，環境と安全は類似のベクトルで議論されることも多い．その一方で，夜道の安全を守る街灯や，高度なビルセキュリティシステム，水素自動車に搭載される数百気圧の水素など，一見すると環境と安全が矛盾するようなケースもしばしば見受けられる．環境学に身を置く研究者として，自らの環境にかかわる研究自体が，環境や安全に配慮したものであることは当然のことのように考えられているが，いかにしてそのバランスを図るかについては，これまであまり議論されていなかった領域である．

ここでは，大学での研究，特に実験研究を対象に，システム学的アプローチを

安全分野に適用し，新規な学問領域や科学技術の発展を支える安全システムのあり方について考えてみることにする．

4.2.1 安全と危険

「安全」という語は，直感的にはわかりやすいが，実は非常に曖昧な用語である．「安全」を辞書で調べると，「危なくないさま．物事が損傷・損害・危害を受けない，または受ける心配のないこと」（岩波国語辞典）と定義されている．それでは対語である「危険」はどうかいうと，「あぶないこと．悪いことの起こるおそれがあること」とある．いささか禅問答のようであるが，少なくとも，辞書的な意味での「安全」とは，悪いことの起こる恐れがすべて排除されてはじめて達成される状態ということになる．

この定義からもう1つわかることは，安全にしても危険にしても，「心配がない」とか，「おそれがある」といった，受け手の主観に依存する定性的なものであることである．つまり，同じ状況であっても，受け手にとっての心配の有無によって，安全とも危険ともとらえられうるのである．辞書の定義では，安全の主語は「物事」，すなわち「状況」であるが，その状況が安全であるか否かが人間の多様な主観的価値観に依存して決まるのだとすると，ある状況のあり方をもってして「この状況は安全である」と判定すること，つまり安全な状況を一意に決定することがきわめて困難であることを意味している．

このような個々の主観に基づく曖昧さを排除し，危険性をより定量的に表現しようとしたものに，リスクの考え方がある．リスクとは，人の健康や環境に悪影響が起きる可能性（確率）に，悪影響による被害の大きさを掛け算することで求められ，この数値が大きいほど危険性が高いことになる．リスクの考え方の根本には，災害が起こる確率はまったくのゼロではないが，リスクの大きさが「許容リスク」と呼ばれるある閾値以下の場合には，その状況を受け入れることにするといった前提がある．こうすると，2つ以上の事象についてその危険性の大小を比較することもできるようになるし，リスクがより大きい問題を優先的に対処するといった対策も立てられるようになる．しかしながら，リスクの考え方によって危険性が科学的かつ定量的に表現されたとしても，その許容の可否，つまり許容リスクの大きさを誰が決めるのかという問題は解消されるわけではない．やはり，リスクの考え方をもってしても，すべての受け手にとって，損傷・損害・危

害を受ける心配のない「安全」な状況をつくることは，ほとんど不可能であることに変わりはないのである．

　余談になるが，「危険」と似た言葉に「事故」がある．ともに「悪いこと」を連想させる点において類似性はあるが，両者の意味するところは明確に異なることに注意すべきである．「危険」とは，辞書の説明にもあった通り，悪いことの起こるおそれがあることであり，実際にまだ悪いことは起こっていない．これに対し，「事故」は，実際に起こってしまった悪い出来事を指す語である．見方を変えると，「事故」が起こってはじめて，そこに「危険」が存在していたことに気づく場合もあるし，いくら「危険」であっても，必ず「事故」が起こるとは限らないのである．では，まだ悪いこと（＝「事故」）が起こっていないのに，悪いことが起こるおそれ（＝「危険」）があることを，人はどうやって認識するのであろうか．

　見通しの悪い交差点は，たとえそこで過去に一度も交通事故が起こっていないとしても，危険な箇所として，カーブミラーを設置したり，注意喚起の看板を立てたりする対策が施される．育児書では，乳幼児の誤飲事故を未然に防ぐために，口に入れると困るものを子どもの手の届かない高い場所に置くように指導している．いうまでもなく，これらの危険対策は，過去に起こった事故のパターンから，同じような条件が揃った場合に同様の事故が起こるであろうという類推に基づいている．

　事故には，必ず原因があり，再現性がある．過去に起こった事故例を丁寧に解析し，背景要因と事故結果との因果関係を合理的に説明することができれば，事故に結びつきそうな条件を帰納的に導き出すことができるはずである．交差点での事故例の解析をもとに，

　　　　見通しが悪い → 交差点に進入する車や人の発見が遅れる
　　　　　　　　　　→ ハンドルやブレーキの操作が間に合わない
　　　　　　　　　　→ 事故になる，

といった因果関係が明らかになったことで，上記のようなカーブミラー設置などの具体的な対策に至ることができる．つまり，過去の経験や知識をもとに，置かれている状況のなかに，事故などの悪いことに結びつきそうな要因を抽出し，それが事故に結びつく合理的な因果関係を構築することができたときに，「危険」

を正しく認識したことになる．

　ここで 1 つ問題を出そう．草原に 100 個の地雷が埋まっている状態と，1 個だけ埋まっている状態では，どちらが危険であろうか．ほとんどの人は，前者の方が地雷を踏む確率が圧倒的に高いので，より危険だと答えるであろう．しかし，前者の草原を歩く者が，地雷が埋まっている場所をすべて把握しているとしたらどうであろうか．あるいは，地雷が埋まっていることを知っていて，地雷探知機を駆使しながら歩くことができたとしたらどうであろうか．だだっ広い草原に 1 個だけしか埋められていない地雷を踏むことなど確率的にはほとんどありえないと，地雷の存在を十分に意識しないで歩く者よりも，地雷の存在を認識し，どこに埋まっているかを意識して歩く者の方が，当たる確率は圧倒的に低いであろう．

　この問題は，2 つのことを示唆している．1 つは，「危険があることを認識すればするほど危険ではなくなる」といった危険の逆説性，もう 1 つは，「危険の大きさは，その状態への対応状況によって決まるものであって，状態だけで決まるものではない」という危険度の可変性である．先に，多様な主観的価値観に鑑みて「安全」な状況を一意に決定することが困難であると述べたが，対語である「危険」についても，その大きさが受け手の認識や対応状況によって変わることから，状態のあり方自体に対して危険性を議論することにはさほど重要な意味がない，ということがおわかりいただけるであろう．

　話をもとに戻そう．危険の認識には，置かれている状況のなかから事故などの悪いことに結びつく要因を抽出し，それが事故に結びつく合理的な因果関係を構築するプロセスが必要であると述べた．このプロセスが適正に行われるためには，置かれている状況と悪い結果とを想像のなかで結びつける作業に役立つ過去の経験や知恵を，「引き出し」としてどれだけ持っているかが重要となる．そして，その引き出しに蓄えられる経験や知恵とは，単なる科学的知識とは違って，置かれている状況から予測されうる悪い結果とそれを回避するための自分自身の対応能力との関係をふまえ，状況と結果を結びつける作業に直接使える形で準備されていなければ役に立たない．

　信号のない横断歩道で道路の向こう側に渡りたいとき，「左右から時速 40 km の車の往来がある」ことや「車に接触すると痛い思いをする」ことを知っているだけでは，どのタイミングで渡り始めればよいのかがわからず，いつまで経って

も渡ることができない．信号機がなくても，学童擁護員の方が黄色い旗を振って誘導してくれなくても，独力で横断歩道を渡ることができるのは，「視界に車がないとき，あるいは見える車の大きさがこのくらいのときには，自分の脚力で横断歩道を渡りきるまでに車が横断歩道に到達することはない」という経験的知恵があるからである．この知恵は，自分が何回も横断歩道を渡る経験（ときには車が自分の近くまで迫ってきてヒヤッとした体験も含め）によって培われたものであり，昔誰かに教わった横断歩道の渡り方に関する知識から出発して，自分の身が傷つきたくないことを大前提とした試行錯誤とアレンジの末に獲得された，各自の潜在的危険回避規範になっているのである．

　横断歩道の渡り方について，もう少し考えてみよう．たとえば誰かと一緒に道路を横断する際，自分は大丈夫だと思って普通に渡り始めた（実際，問題なく無事に渡りきっている）のに，渡り終わった後で「自分とは渡れると判断するタイミングが違う」といわれたことはないであろうか．逆に，自分ならちょっと危ないかなと考えるタイミングなのに，さっと左右を確認し，要領よく渡りきってしまう人を見かけることもあるであろう．また，自分の子どもと一緒に渡るときには，大人なら問題なく渡れるタイミングでも，子どもの歩行速度や，あわてて転んでしまうアクシデントなどを想定して，渡り始めを自重する方向で判断するであろう．足に怪我をして松葉杖をついていたり，大きな荷物を抱えていたりして動きが緩慢になりがちな状況であれば，普段よりも渡るのに時間がかかることを考慮して，渡り始めのタイミングはいつもより慎重に判断するのが自然であろう．

　これらの例は，「置かれている状況が同じであっても，渡る人の側の事情によって，危険の有無の判断が異なる」ことを示している．横断歩道を渡るという行為のなかで，渡りきるまでの距離（道路の向こう側までの道幅）や車の往来状況といった客観的事実としての周囲環境と，渡ろうとする人の能力（転んだりつまずいたりせずに，ある速度で歩ききること）とを比較することによって，渡れるかどうかを判断しているのである．ここで大事なことは，渡ろうとする人が何らかの理由で判断を誤った場合に，その横断行為が「危険」になるということである．横断歩道が存在していても，渡る人が誰もいなければ，人が車にはねられる事故は起こるはずもない．また，渡る人が誰かによって，その横断行為の危険度は大きく異なる．つまり，横断歩道自体が危険なのではなく，渡り手がその横断歩道

をどのように渡るかといった横断歩道の渡られ方によって危険が発生するととらえるべきであり，道路を渡るための便利な道具である横断歩道の危険性は，渡る人が判断を誤らせる可能性の高さとして議論すべきであると考えるのである．

ここで「渡る人が判断を誤らせる可能性」というのは，どのようなものであろうか．単純に，自分が歩く（走る）速さを過大評価していれば，あるいは迫ってくる車の速度を過小評価していれば，自分が渡りきる前に車が到達してしまうことになる．たとえば，自分の体調が悪いときや大きくて重たい荷物を抱えているときは，平常時よりも行動が遅くなるが，その程度の見積もりを誤ると，思いの外，車が接近した状態にヒヤッとする結果を招くであろう．

渡り手のメンタルな要因も，判断の成否に大きく影響する．電車に間に合わないと急いでいたり，道路の向こう側に知り合いを発見したりして，少しでも早く渡りたいと気持ちがはやり，知らず知らずのうちに，冷静な判断が妨げられるといった経験は，少なからず誰にでもあるであろう．

また，この横断歩道の脇に，大型ショッピングセンターができたとすると，それによって，車の量や動きが変わることになる．普段その横断歩道を使っていた人にとって，「駐車場から車が出てくるかもしれない」とか「ショッピングセンターに入ろうとする車と，通過する車とでは減速する度合いが違う」といった状況の変化が，横断歩道を渡れるタイミングの判断基準に影響を与えることは自明である．近くに信号機が設置されたり，付近にバイパス道路などができたりして，付近の車の流れが目に見えて変化すれば，やはり歩行者の判断基準に何らかの影響を及ぼすに違いない．

このほか，停車している大きなトラックなどが視覚を遮り，車がきているかどうかわかりにくい場合や，雨天や夜間などの見通しが悪い条件などにおいても，普段の基準で考えると判断を誤ってしまう可能性がある．雨天や夜間の場合には，早く目的地にたどりつきたいといった潜在的欲求が，判断の成否に間接的に影響することもありうるであろう．

ここまでの話を，もう少し一般化して考えてみよう．横断歩道を渡るという行為を「作業」とし，渡り手を「作業者」，横断歩道をとりまく交通事情や天候などの外的条件をまとめて「作業環境」と表現する．まず，作業の安全や危険は，作業自体の難易度で一意に決まるものではなく，誰がその作業を行うのかといった，作業と作業者との相対的な関係によってはじめて決まるものであると述べて

きた.もっというと,作業者がその作業を行うための能力をどの程度有しているか,またその能力を自分自身でどの程度客観的に把握しているか,さらには無数にある作業のやり方に対してそれぞれの結果をどこまで正しく想像することができるかといった,作業者の作業に対するとらえ方で決まるのである.そして,作業の難易度や作業者の内面的因子は,作業環境によって直接的あるいは間接的に大きく影響を受けるため,作業者と作業との相対的関係としての安全や危険を考える上で,作業環境が重要なパラメータとなることを示しているのである.

4.2.2 大学の実験研究における安全

前項で一般化された安全の考え方を,大学の実験研究に当てはめて考えてみよう.ご存じの通り,大学の実験研究では,研究の新規性や独創性がその価値を左右する.必然的に,それまで誰も行ったことがない手法で実験を行うこともあるし,既知の手法を新しい対象に適用して実験を行うこともある.しかも,それらの実験の実質的な担い手が学生であることも少なくない.無論,彼らが最初から最後まで勝手に実験を計画,実施するのではなく,研究室の指導的立場にある教員が,実験の遂行に必要となる指導やサポートを与えながら進められるのであるが,少なくとも学生自身には,自分の研究テーマについて主体的に考え,研究を遂行していくことが要求される.そして,そのプロセスを通して,研究の進め方や様々な事象のとらえ方について学び,研究者として成長していくことが,大学で実験研究に携わる理科系学生の理想的な姿として望まれている.

この実験研究の構造に,先ほどの安全の考え方を当てはめてみると,実験が「作業」,学生が「作業者」,実験室や研究室の状態が「作業環境」となる.実験を安全に行うためには,作業者である学生が,与えられた作業環境のなかで実験を行う場合に,事故などの悪いことに結びつく要因を抽出し,それが事故に結びつく合理的な因果関係を構築するプロセスが必要であるということになる.そして,そのプロセスには,因果関係の構築に役立つ過去の経験や知恵が,作業者である学生の引き出しにどれだけ蓄えているかが重要となる.

このように述べると,「誰もやったことがない作業を行うのが大学の実験研究なのだから,まったく同じ作業に関する過去の経験や知恵など存在しないのではないか」という矛盾を指摘する声があるかもしれない.確かに,過去に類似の作業例が多数あり,安全や危険に関する知恵が数多く得られている作業に比べれ

ば，そのままの形で使える引き出しのなかの知恵は少ないかもしれない．しかし，不幸にして起こってしまった大学での実験研究における事故事例を見てみると，現実には，作業の新規性ゆえに，起こることの因果関係の予測がきわめて困難であった事故は，ほとんど皆無であるのも事実である．それが証拠に，起こってしまった事故については，ほぼすべて，その因果関係を見事なまでに説明することができてしまう（残念ながらその説明があるのは事故のあとなのだが）．そして，その因果関係自体は，「こんなこともわからなかったのか，気づかなかったのか」と嘆いたりあきれたりするような初歩的な事項であることが非常に多い．

このように，どんなに新規な作業であっても，危険に関する因果関係の構築に必要な知恵は，すでに得られている場合がほとんどであるといってよい．では，なぜ事故が起こってしまうのか？　それは，作業者自身の引き出しに，その知恵が格納されていなかったか，もしくは格納されていたとしても，危険の判断を行う際にうまく引き出して活用することができなかったためである．「こんなこともわからなかったのか」と嘆かれるような初歩的な事項は，知識として知っていたとしても，危険の回避に役立てるための知恵として機能しなければ，同じような事故は繰り返し起こるのである．

実験室で起こる事故を考える上で，先ほどの横断歩道の例と同様に，作業者が作業を行う場である実験室や研究室の状況も，作業環境として作業や作業者の状態，あるいは作業と作業者との相対関係に大きく影響することを考慮しておかなければならない．たとえば，実験台1つにしても，その広さや高さ，材質，電源や水道の位置，手元の明るさなど，作業のやり方や作業者の心理に影響する因子はたくさん存在する．日本の大学の実験室は，欧米に比べて1人当たりが占める面積が小さいといわれている．実験室の広さにしても，通路の幅にしても，物の配置にしても，作業のやり方や効率に少なからず影響を与えるであろう．また，先生や友人が側にいるかいないかによっても，作業者が実験作業を行う際の影響因子となりうる．作業環境とは，作業者と作業との相対関係を考える上で，とりあえずは自分の力で簡単に変更することができない「与えられた前提条件」として作用する実験室内の状況すべてを指し，そこには実験室内に存在する物品や人に限らず，人間関係や研究室の雰囲気，ルールといったソフト面での背景も含まれる．

さて，作業者の危険認識に関して，1つの研究例（主原・大島，2009）を紹介し

よう.ある実験室において,被験者である学生にアイカメラと呼ばれる視線解析用のレンズ付き帽子を装着してもらい,実験室内を歩行する際にどこを見ながら歩いているのかを観察した.五感による一般的な危険認識は,その80％以上が視覚による(長谷川,2007)とされており,この実験も,実験室内を歩行するという作業における,作業者の危険認識と視覚情報との関係を明らかにしようとするものである.具体的には,被験者にアイカメラを装着してもらい,実験室内の決められた順路を歩行するなかで「危険だと思う箇所」を指摘させる一方,アイカメラに記録された歩行中の視線に関する映像から,実験室内で被験者が0.2秒以上視線をとめた箇所(注視箇所とする)を抽出する.11人の被験者によって抽出された合計60の注視箇所のそれぞれについて,全被験者の注視時間の合計と,その箇所を危険と認識した被験者の注視時間の合計との比を求め,その注視箇所の「危険認識度」と定義した.この値が大きいということは,「その箇所を危険だと認識する」ことと「その箇所を見る」ことの関連がより強い(見て危険だと思う,あるいは危険だと思って見る)ことを表している.実験の結果,面白いことに,危険認識度の高かった物品の上位には,バケツやいす,ごみ箱といった,その物の名前を聞いても危険とはあまり結びつきそうもないものばかりがあがり,逆に,ボンベや万力のように何となく危険をイメージさせそうな物品の危険認識度はおしなべて低いことが明らかになった.ここであげられたバケツやいす,ごみ箱は,いずれも歩行の際に接触しやすい場所に置いてあったり,引っかけやすい針金などが飛び出して通路にはみ出したりして,歩行という作業においては邪魔となる可能性が高い場所あるいは状態にあるものばかりであった.つまり,実験室内を歩行するという作業における危険の認識は,何が置かれているか,といった置かれている物の種類や性質ではなく,どこに置かれているか,といった置かれている状況に依存して決まることを表しているのである.

先に述べたことの繰り返しになるが,危険な物質を使う作業であっても,その物質の危険性を熟知し,誤った扱いをしなければ,その作業者がその物質の危険性ゆえの事故に遭う可能性はきわめて低い.逆に,何も知らずに作業を行えば,針金1本で致命的な傷を負うこともあるし,たらい一杯の水で溺死することも起こりうる.危ない物質を扱う作業が危険なのではなく,その作業を行う作業者しだいで,どんな作業でも危険にも安全にもなると考えるべきなのである.

大学の実験室で事故が起こると,事故になるような危険な実験をすること自体

の是非が議論になることがあるが，これは的外れな議論である．なぜ事故になったのかというと，その「作業者」が与えられた「作業環境」において「作業」を行う際に，作業者自らと作業の相対関係を正しく認識することができず，誤った扱い方をしたからなのである．実験自体に危険な実験と危険でない実験があるわけでは決してない．危険とは，「作業」「作業者」「作業環境」が組み合わさった「状況」を修飾する形容詞であり，危険か否かは，その組み合わせが前提となってはじめて判断できるものになるのである．さらにいうと，「作業者」がその「作業環境」で「作業」を行うことに潜む危険を，どの程度想像し認識できていたかによって，その状況の危険性は変わる（危険の逆説性と危険度の可変性）のであるから，状況の危険性を左右するキャスティングボードを握っているのは，実験の内容ではなく，「作業者」なのである．

　大学の実験研究では，多くの場合「作業者」が学生である．状況の危険性を左右するのが「作業者」であるならば，「作業者」である学生に，引き出しのなかに使える経験や知恵をたくさん蓄え，それを駆使して，作業を行う上での危険に関する因果関係を想像できる力を培ってもらわなければならない．一流の板前を目指す見習い料理人は，包丁を自在に扱えるために徹底的に訓練する．手を切ると危ないからといって包丁を使わないのではなく，手を切らないためにはどうしたらよいかを考え，手を切らずに上手に包丁を使う方法を体得しなければ，板前には到底なれない．研究者の卵である学生も，危ないからといって実験を避けるのではなく，実験を安全に行うためにどうすべきかを，自分で考え，訓練することが必要なのである．大学の実験研究における安全教育が目指すところは，ここに尽きる気がしてならない．

4.2.3　実験研究の安全構造に関するシステム的アプローチ

　これまでに，大学の実験研究における安全は，「作業」「作業者」「作業環境」の関係にもとづいて議論する必要があること，そして「作業」と「作業者」との相対関係を正しく認識することが危険回避に重要な役割を果たすことを述べてきた．この「作業」と「作業者」の相対関係による危険回避について，もう少し具体的に見ていくことにしよう．

　ここでの「作業」とは実験を意味するが，通常の実験は，複数の要素作業が，作業手順として時系列的に並ぶ形で構成されている．わかりやすいように，これ

を料理に置き換えて考えてみよう．

　たとえば，カレーライスをつくりたいとする．流儀はいろいろとあるだろうが，大まかな手順は以下のようなものになるであろう．
- 「切る」作業：　ニンジンやジャガイモ，タマネギなどの皮をむき，包丁を使って適当な大きさに切る．肉も包丁で食べやすい大きさに切る．
- 「炒める」作業：　油をひいた深い鍋に肉を入れ，炒める．
- 「煮る」作業：　同じ鍋に水をはり，切った野菜を入れて，煮る．
- 「味を付ける」作業：　火を止めて，カレーのルーを適量入れ，よくかきまぜる．

この作業と平行して，ご飯を炊く作業や，付け合わせのサラダをつくる作業などが行われる．

　これらカレーライスをつくるための各要素作業が適切に行われ，つくり始めから完成まで時系列的に正しく並ぶことによって，美味しいカレーライスが食べられることになる．逆に，ニンジンの皮むきを忘れるとか，肉を炒めすぎて固くなってしまうとか，ルーを入れ忘れるとか，同時に進行させるご飯炊きのタイミングを誤るなど，一連の手順のどこかで作業を誤ったり，手順が入れ替わってしまったりすると，美味しいカレーライスをつくる作業としては，失敗ということになる．また，切る作業の最中に誤って手を切ってしまい病院に行くとか，鍋をひっくり返して全部こぼしてしまったとか，コンロが壊れてガスが出ないなどの不測の事態が起こった場合には，美味しいカレーライスにありつけるどころか，カレーライスをつくる作業自体を断念せざるを得ない．

　さて，家庭でカレーライスをつくるとき，多くの場合は1人の作業者がすべての工程を行っているのではないかと思われる．大学で学生が行う実験でも，自分の実験については，準備から片付けまでを1人で行うケースが多い．カレーライスをつくる作業を1人で行う場合には，その人が，「切る」「炒める」「煮る」「味を付ける」「ご飯を炊く」などの作業工程のすべてについて，すべきことをきちんと遂行できる能力を持っていなければならないことになる．ここで，その作業者が，手先が不器用で包丁の使い方がうまくなかったとしたら，一連の手順のなかで特に「切る」作業を苦手に思うであろう．「味を付ける」作業では，作業者の味覚が作業の成否に重要な鍵を握る．「炒める」とか「煮る」などの火を使う作業においては，その作業に適した火加減を知っている必要がある．つまり，

4.2 実験研究の安全構造とシステム学的アプローチ

「切る」という作業においては包丁を扱う技術,「炒める」「煮る」作業では火加減に関する知識,「味を付ける」作業では優れた味覚といったように,作業の種類によって,その作業を成功させるために作業者に要求する能力は異なっていて,作業の要求する能力と,作業者が持っている能力とがミスマッチを起こすところで,失敗が起きやすいということになる.逆にいうと,このような作業と作業者のミスマッチが,一連の作業手順のどこに存在しているのかがあらかじめわかっていれば,失敗の未然防止には非常に役立つはずである.

ここで「失敗」という語を使ったが,これは美味しいカレーライスをつくる作業において,その目的を果たせず,美味しくないカレーライスを食べる(あるいは食べられないくらいまずいカレーライスができあがる)はめになってしまったという意味であって,「失敗」イコール「カレーライスをつくる作業自体を断念せざるを得ないような不測の事態が起こったこと」ではない.もちろん,このような不測の事態も,カレーライスを完成させることができなかったという意味において,「失敗」の一例ではある.ここで述べたいのは,作業自体を断念しなければならないような悲惨な結果だけを「失敗」と考えてはいけないということである.

包丁で手を切ったり,鍋をひっくり返して火傷したり,火加減を誤って近くにあった鍋つかみが焦げるなど,人が傷ついたり物品が壊れたりする事態は,「失敗」のなかでも「事故」として区別される.大学実験室の作業においても,学生がガラスで手を怪我したり,化学物質で火傷をしたり,加熱操作を誤ってボヤを出したりすると,それらは「事故」として扱われ,多くの大学では,その顛末を安全管理の担当部署に事故報告として提出する約束になっている.先ほどの考え方でいうと,「事故」が起こるということは,作業手順のどこかで作業と作業者のミスマッチがあったことによって,人が傷ついたり物が壊れたりする結果になったこと,と理解することができる.しかし,同じようにどこかで実験手順を間違ったとしても,思ったような実験結果が得られなかっただけの失敗は,「事故」とはいわない.そんなことで,いちいち事故報告を出していたら,大学の担当部署には,それこそおびただしい量の事故報告が舞い込むことになるであろう.このように,大学中で数かぎりなく起こっている失敗のうち,「事故」というのは,「人的・物的損害に至った失敗」を意味する語として使われているのである.

さて,カレーライスをつくる人が,最終的にできあがるはずの美味しいカレー

ライスを思い描きながら作業するように，ある目的をもって行われる実験においても，実験者はその実験の意図に沿った結果が得られることを期待して，実験を行っているはずである．そして，何らかの理由で，期待したような結果が得られなかった場合には，実験は失敗したとがっかりする．ごくごくまれにしか起こらないが，期待していた以上のよい結果が得られたり，意図していなかった新しい発見があることもある．この場合，その得られた結果のよさをもってして，実験は成功と評価される．逆に，実験中に怪我をすれば，その悪い結果をもってして，「事故」と呼ばれることになる．

　しかし，冷静に考えてみると，実は「発見」も「事故」も，単なる起こった自然現象の結果であることに変わりはない．人にとって都合がよい結果を「成功」とか「発見」と呼び，都合が悪い結果を「事故」と命名しているだけなのである．そして，いずれも，もともとは自分が意図した結果や想定していた事象でない．その意味では，予想もしない実験結果のなかに何かを偶然「発見」した場合も，実験中に怪我をしたり物が壊れたりする「事故」も，自分が意図した結果に至らなかったという点で，作業的には「失敗」であったととらえることができるかもしれない．つまり，作業の成否という観点で考えると，自分がはじめに予定していた手順を正しく遂行し，想定通りの結果が得られた場合を「成功」と呼ぶべきなのであって，極論すれば「発見」も「事故」も予測とは異なった結果に至ったという点に関しては同類であるという考え方もありうるのである．

　「発見」はしたいが「事故」はしたくないのが，実験者の常である．しかし，作業的失敗という点で同じカテゴリーに属する両者を，結果の良し悪しだけで呼び分けているうちは，どうやってもそれをコントロールすることはできない．自分が行う作業の結果や成否について十分な予測がないままに実験を行っている間は，結果的にそれが「事故」という都合の悪い方向の結果に至らないことを，神に祈るしかなくなってしまうことになるのである．確かに，偶然の出会いにもとづく「発見」に関しては，過去に経験がまったくない以上，その因果関係を予測しろといっても無理な話であろう．しかし，「事故」に関しては違う．それは，先にも述べた通り，起こった事故を後で検証すると，その因果関係が過去に誰も経験したことがないような予測不可能なものであることはほとんど皆無であるからである．もし，これらの経験済み因果関係が知恵として引き出しに蓄えられ，適切に引き出すことさえできれば，少なくとも理屈の上では，予測できなかった

ために起こる作業的「失敗」は回避できるはずである．それでも事故が起こるとすれば，それは，一連の作業手順のどこかで，作業と作業者とのミスマッチが起こったことにより，予測の前提となっている作業手順が正しく遂行されなかったためということになる．

このように，研究の目的や進捗に合わせて，実験計画の立案や作業手順の変更が日常的かつ頻繁に行われる大学の実験研究において，「危険」（＝悪いことが起こるおそれ）を回避するためには，作業者自らの作業の危険性に関する予測と，作業との技術的ミスマッチの回避の両面からアプローチすることが重要である．しかも，この作業と作業者との相対関係は，その作業が行われる作業環境によっても影響を受けることを考慮に入れておかなければならない．同じカレーライスをつくる作業でも，調理台が狭かったり暗かったりすれば，野菜の下ごしらえがやりにくいであろうし，調理場に備わっている鍋の深さや持ち手の頑丈さ，包丁の大きさや切れやすさなど，調理器具の種類や状態も，各作業を行う上での前提条件として作業の成否に直接影響するはずである．また，隣のガス台でお湯を沸かしている人や，冷蔵庫に飲み物を取りにくる人，流しに手を洗いにくる人など，同じ台所において別の作業が共存することもある．このような作業環境の時間的，空間的共有も，料理全体の手順や各作業工程に少なからず影響があるであろう．

さて，これまで述べてきたように，大学で行われる実験研究において，危険が「作業」「作業者」「作業環境」の組み合わせのあり方によって決まるものであるならば，その安全性を向上させるためには，実験室（単なる部屋のことではなく，実験作業が行われる場としての意味）を，そのなかにある人や物，情報などを構成要素（エレメント）とする1つのシステムとしてとらえ，システム全体の最適化問題として総合的に評価する必要があると考えられる．安全に関する従来の考え方では，実験作業をする人，作業に用いられる器具，実験室内に置かれている物品の配置などについて，安全のためにあるべき姿がそれぞれ独立に議論される傾向にあったが，各エレメントの最適値が必ずしもシステム全体の最適解を与えるとは限らない．安全を評価指標とするシステムの最適化とは，実験室で作業を行う際の危険箇所をシステムの脆弱性としてとらえ，その脆弱性を与える背景的要因をシステムのなかから抽出することによって，それを最小にすることを意味するのである．このようなシステム的アプローチにもとづく安全の構造化について

は，まだ研究が始まったばかりであるが，影響因子が複雑に絡み合って構成される安全構造の本質的な理解には有効な手法であると確信している．　[**大島義人**]

5 環境システム学の未来像

　今や人工物を含む人間のまわりのすべてのものが「環境」であるとの認識もあるが，環境システム学が扱う「環境」はその最も素朴な意味での環境，すなわちわれわれをとりまく水，大気，土壌などの無機環境とヒトを含んだ生態系を対象としている．もちろん，「環境」問題を扱うには，人工物や社会システムと「環境」の関係は無視できないし，それどころか，現在の環境問題は，太古以来営々と築きあげられてきたサステイナブルな物質循環サイクルに，人間や人工物が入り込んで，その活動が活発になるにつれてそれまでの循環サイクルにひずみが生じ，そのひずみが顕在化してきたものであると考えることができる．したがって，必然的にそのようなひずみの中味・因果関係の解きほぐしや，技術や社会システムによる是正方法の検討も環境システム学の対象となる．

　チリ沖太平洋上にイースター島と呼ばれる島があり，モアイ像で有名である．花粉分析などによるとかつては豊かな森林に恵まれていたらしいが，その島に入植した人類が豊かな森林を家屋やボートの材料あるいは燃料などとして計画性なく利用し，その結果として段々と乏しくなる資源をめぐって争いが起こり，ついには木の1本も生えない裸の島になってしまった．ナイル文明やメソポタミア文明あるいはインダス文明や黄河文明も大河川の豊かな水と漁業資源，豊かな森林に恵まれていたが，森林資源の過剰な伐採・利用によってついには木の生えない不毛の地となり，崩壊してしまったといわれている（日本生態系協会，2006）．現在のような人口増加，飽食を続けていけば，地球の将来もこのような状態になってしまうかもしれない．

　「持続的発展」という言葉はすでに使い古された感もあるが，それでもやはり「環境問題」の究極的な課題は地球上の人類と生態系，とりわけ人類が持続的に存在し続けることのできる地球システムを構築することであろう．生態系の保全については

①生態系は地球上に生態系が現れて以来，進化を繰り返して現在の形に至ったものであるから，それ自体かけがえのないものであり，保全すべき，
②人類は生態系から膨大な物質とサービスを受けており，生態系なしでは人類は存続できないことは明らかであるから，保全すべき，

との2つの考えがある．後者の考え方は人類の側からのエゴイスティックな考えであるとの批判もあろうが，現在の環境問題はとりあえず人類が存続できる方策を考えなければならないほど深刻化している．表5.1は人類が生態系から受けている恩恵を貨幣価値に換算したものであるが，その価値は総計33兆ドルに達し，欧州連合・アメリカ・日本の1年間の国内総生産（GDP）を足し合わせた額にほぼ匹敵する．生態系からわれわれ人類が受け取っている物質やサービスが膨大なものであることが，改めて理解されるであろう．また，林野庁が試算したわが国の森林の公益的機能の評価額は約75兆円に達するとの報告もある（林野庁）．普段の生活からは生態系からわれわれ人類が恩恵を受けていることを意識することは少ないが，たとえば近年，ミツバチが巣から一斉にいなくなるという現象が世界各地で起こっており，そのために野菜の受粉ができず，作物が育たないという事態になっているらしいが，このようなことでスーパーの野菜の値段が高騰するといった形で顕在化して，はじめて一般市民にも今まで生態系の恩恵を受けていたことが実感される．

「持続的発展」の可能な社会システムや生態系のあり方が具体的にどのような

表5.1 人類が生態系から受けている恩恵の試算例（Costanza et al., 1997 中の Table 2 および松田，2000 中の表8.1をもとに作成）

	面積 (ヘクタール× 10^6)	物質循環	食糧生産	浄化機能	総価値 (兆ドル/年)	総価値/面積 (ドル/年/ヘクタール)
		(ドル/ヘクタール/年)				
大洋	33200	118	15	不明	8.38	252
入り江	180	21100	521	不明	4.11	22832
藻場	200	19002	不明	不明	3.80	19004
サンゴ礁	62	不明	220	58	0.37	6075
大陸棚	2660	1431	68	不明	4.28	1610
熱帯雨林	1900	922	32	87	3.81	2007
干潟	165	不明	466	6696	1.65	14785
湿地	165	不明	47	1659	3.23	19580
その他						
総計	51625				33.27	

ドル：アメリカドル，ヘクタール：1万 m^2.

ものであるかについては,まだ誰も解をだせないのが現状であろうが,解がでるまで人類の活動をやめることはできず,とりあえず活動を続けながら,最終的な「持続的発展」の可能な社会システム・生態系のあり方を考えて,それに向かっての方策を実行するといった,「走りながら考える」ことが必要なところが環境問題解決の困難さの1つである.

省エネルギーは人類が持続的に存在できる水平飛行に移るまでの猶予期間を長くすることには役立つが,どれだけエネルギーを節約しても使っているかぎりいつかは枯渇するので持続的な解にはなりえない.エネルギーだけでなく,たとえば人類が使っている人工物なども100%のリサイクルは不可能であるから,同様であろう.もちろん,省エネルギーやリサイクルは重要であるが,中期的観点から,すなわち持続的地球システムへ移行するまでの過渡期間としての省エネルギー・リサイクルと,長期的観点からの持続的地球システムの構築とはその実現のための戦略を分けて考える必要があるのではなかろうか.

持続的な社会では,社会でのリサイクル分を除いた正味の消費量を持続的に補う源が必要である.このような源としては,ほぼ無尽蔵な太陽エネルギーに頼るしかないのではなかろうか.太陽の寿命は今後50億年~60億年と推定されているので,人類にとってはほぼ無限に近い.また,太陽から地球表面に到達するエネルギーの0.005%を利用できれば,人類が原油から得ているエネルギーのすべてを賄うことができるとされている(ティルトン,2006).エネルギーは太陽電池や太陽エネルギー起源の風力や海の波などによって生産し,食料や材料は生態系が太陽エネルギーを利用した光合成によって生産する物質を利用して生産することが可能になれば,持続的地球システムへの展望が見えてくる.すでにバイオ燃料やバイオプラスチック,バイオ電池あるいは自然光利用の植物工場など,植物由来の原料を使ったエネルギー源,材料・食料などの研究開発が活発に行われている.しかしながら,人類はすでに光合成による全世界の純1次生産量(NPP)(1次生産者が光合成でとらえた太陽エネルギーから1次生産者の成長や再生産に使われたエネルギーを差し引いた量)の25%を占有しており,人口増加がこのまま進めば,純1次生産量の大半を人類が消費してしまい,人類以外の動物種へ分配する余地がほとんどなくなってしまう(デイリー,2005).すでに述べたように,人類は地球上の生態系から莫大な恩恵を受けており,生態系が絶滅すれば,人類もまた存在できなくなるので,人類が利用する分だけを確保できればよいというこ

とにはならない．人類の使用分に関しても，本来食物とすべきバイオ資源がエネルギーや樹脂の生産に使われることによって，食物不足や食物価格の高騰というひずみが顕在化しはじめている．さらに地球上の個々の人間や生態系が持続的に存在できるために必要なエネルギーや食料の量に，地球上の人類・生態系の数をかけた総計としてのエネルギー・食料量を地球上で利用可能な太陽エネルギーによって賄うことができたとしても，実際上はエネルギーや食糧を大量消費する先進国とエネルギーや食糧不足にあえぐ発展途上国の間の軋轢に見られるように，太陽からの恩恵を地球上全体で平等に享受することのできる仕組みをつくることは容易ではない．また，バイオ資源によって代替することが困難なもの，たとえば鉱物資源由来の材料をどうするかということも課題である．地球上のエネルギーや物質の持続的な利用可能性の一方で，利用に伴って排出される廃棄物対策も重要である．廃棄物も微生物などによって分解されないものがあれば，それらは地球上に蓄積されていくものであるから「持続可能」ではない．したがって，廃棄物に関しては，自然界で分解可能なもの，分解可能な量にとどめるべきであろうが，これもなかなか困難な問題であり，このままでは，月や火星から資源を採取し，廃棄物は宇宙に放出するといったことにもなりかねない．

　環境問題は従来の自然科学と異なって，利害関係の異なる人間の思惑や，環境変化に対する応答メカニズムの理解が進んでいない生態系がからんだ複雑な問題であり，科学技術だけで解決できるものでなく，理学・工学・農学などの科学に経済・政策，倫理学などを加えた総合的な観点からの取り組みが必要である．さらに，「持続可能な地球システムの構築」といった人類の存亡にかかわるような問題に対しては，従来の学問分野のように，これまでの成果を踏まえて，できるところからそれを発展させるというやり方でなく，まず「持続可能な地球システム」とはどのような地球システムであるかをイメージし，可能であるかどうかはさておいて，そのような社会を実現するために解決すべき問題を抽出し，抽出された問題への解を目指して取り組むといった手法（バックキャスティング）が必要である（解決がほとんど不可能であると考えられる問題であっても，解決を目指して取り組むしかない．なぜならそれは人類の存亡にかかわる問題であるからである）．CO_2 削減の問題にしても，地球が温暖化することなく，持続的に排出できる CO_2 量を算定し，その値を目標に CO_2 削減量を決めるべきであって，もし持続的に排出可能な CO_2 量が，たとえば現在の 90% 削減ということになれば，それを目

指して取り組むしかない．

　以上，「持続可能な地球システムの構築」といった地球規模の環境問題について記述してきたが，私達のまわりの大気・水・土壌が汚染され，そのような汚染によってヒトや生態系の健全な姿が損なわれるといった身近な問題の解決も環境システム学の使命である．とはいえ，身近な環境問題も地球規模の環境問題と密接に関連しており，ローカルな環境問題への対策がグローバルな環境問題への対策にはならないことも多く，逆にグローバルな環境問題への対策がローカルな環境問題への対策にならないことも多い．

　たとえば
① プラスチックのリサイクルのために，収集した廃プラスチックの圧縮減容施設や，粉末化・溶融・成型施設が全国各地で計画・建設されているが，そのような施設から有害な化学物質が発生する可能性のあることが明らかになりつつある，
② ヨーロッパでは自然エネルギー利用への転換を促進するために，電力会社に高い価格で自然エネルギー由来の電力を買い取るように義務づけている国へ，周辺国から石油・石炭や天然ガスで発電した安い電力が流入し，全体でみれば化石燃料による発電量が増加する，

といった矛盾が起こっている．

　そもそも環境問題への対策としての最適解を求めるには，最適にすべきもの（数学的にいえば目的関数）を決めなければならないが，「ヒトの健康」，「生態系」，水・空気・土壌などの「無機環境」といったまったく性質の異なるものを，同じ「ものさし」で定量化する（目的関数を計算する）こと自体が困難な問題であり，さらに「ものさし」自体が各人によって異なるであろうから，何らかの方法で決められた「ものさし」に対してどのようにして社会的コンセンサスを得るか（社会受容性）を考えることも環境システム学の課題である．

　以上まとめて，環境システム学の使命・目指すべき未来像は，地球規模でいえば，「持続可能な地球システム」はどのようなものであるかといった具体像を示し，その実現のために必要な課題を抽出し，それらの課題を解決するまでの中長期のロードマップを作成し，そのロードマップに沿って技術開発・制度設計などを行っていくことであり，並行してわれわれの身近な環境問題の解決（短期的課題）を行うことであろうと考える．近年の資源の乱高下や再生可能エネルギーへ

の急速な投資には多分に投機的な思惑もからんでおり,環境問題すらもマネーゲームの対象となってしまった感がある.振り返ってみれば,水俣病などにみられるように,すでに20世紀において,環境問題はローカルなスケールではあるが顕在化しており,その深刻さを指摘していた人々もいたが,当時は経済発展が第1の優先事項とされ,環境問題・公害問題への人々の関心は薄かった.それが,今や「エコ」や「環境にやさしい」といった言葉が世のなかにあふれ,「環境バブル」ともいうべき状態になってしまった.われわれは,このような動きに惑わされることなく,冷静な判断力で将来を見据え,その目標のために今やるべきことを着実に実行していくことが必要である.牛乳パックからのハガキ作成や草刈り十字軍などの草の根運動も大切ではあるが,もっと大きな規模で,「持続可能な地球システム」に大転換するための仕組みづくりと,その実現に必要な技術の開発が今求められている.

　21世紀初頭の今は,生活レベルの向上,経済の量的発展を目指し上昇を続けてきた20世紀の「地球号」に生じてきた「環境問題」,「人口問題」,「食糧問題」,「エネルギー問題」といったひずみを是正し,持続的発展可能な「地球号」として水平飛行に移る過渡期であって,「環境学」の使命は重い.「環境学」は実学であるから,机上の研究でなく,実際の問題を解決するところまでやらなければ意味がない.　　　　　　　　　　　　　　　　　　　　　　　　［影本　浩］

参考文献

第1章

1.1–1.3
小宮山　宏（1999）：地球持続の技術（岩波新書），岩波書店．
吉川弘之監修（1997）：技術知の射程（新工学知3），東京大学出版会．
1.4
枝廣淳子（2007）：ブータンの「GNH（国民総幸福度）」に学ぶ発展の哲学．日経 Ecolomy 連載コラム，9月12日．
ティルトン，J. E. 著，西山　孝ほか訳（2006）：持続可能な時代を求めて―資源枯渇の脅威を考える―，オーム社．

第2章

2.1
Atkinson, R. (1985) : *Chem. Rev.*, **85** : 69-201.
Berresheim, H. et al. (1995) : Sulfur in the atmosphere. Composition, Chemistry and Climate of the Atmosphere (Singh, H. B. ed.), pp. 251-307, Van Nostrand Reinhold, New York.
Carter, W.P.L. (1995) : *Atmos. Environ.*, **29** : 2513-2527.
Carter, W.P.L.: SAPRC Atmospheric Chemical Mechanisms and VOC Reactivity Scales. http://www.engr.ucr.edu/~carter/SAPRC/
Earth System Research Laboratory (ESRL), National Oceanic and Atmospheric Administration. http://www.esrl.noaa.gov/
Gery, M. W. et al. (1989) : *J. Geophys. Res.*, **94** : 12925-12956.
Gifford, F. A. (1961) : *Nuclear Safety*, **2**, 47.
浮遊粒子状物質対策検討会（1997）：浮遊粒子状物質汚染予測マニュアル，東洋館出版社．
IPCC (Intergovernmental Panel on Climate Change) (2001) : Climate Change 2001 : The Scientific Basis. Contribution of Working Group I to the 3rd Assessment Report of the Intergovernmental Panel on Climate Change. EANET. http://www.eanet.cc/index.html
IPCC (2007) : IPCC 4th Assessment Report : Climate Change 2007.
IPCC. http://www.ipcc.ch/
環境省編（2009）：平成20年版　環境白書．
笠原三紀夫ほか（2009）：大気環境学会誌，**44** : A8-A15.
Molina, M. and Rowland, F. (1974) : *Nature*, **249** : 810-812.
日本化学会編（1990）：大気の化学（季刊化学総説，No. 10），学会出版センター．
岡本眞一（2001）：大気環境予測講義，ぎょうせい．

Seinfeld, J. H. and Pandis, S. N. (2006) : Atmospheric Chemistry and Physics, Wiley-Interscience.
WMO (World Meteorological Organization) (2007) : Scientific Assessment of Ozone Depletion : 2006, Global Ozone Research and Monitoring Project-Report No. 50, 572 pp., Geneva, Switzerland.

2.2

板東晃功ほか (2005)：温度成層条件における海洋肥沃化装置「拓海」の放流水貫入深度．日本船舶海洋工学会論文集，1号：9-15．
Costanza, R. et al. (1997) : The value of the world's ecosystem services and natural capital. *Nature*, **387** : 253-260.
伊藤 靖・寺島知己 (2004)：マウンド漁場，高層魚礁による沖合漁場の開発，豊かな沿岸域環境創造をめざして，（財）漁港漁場漁村技術研究所．
Kano, Y. et al. (2009) : Model prediction on the rise of pCO_2 in uniform flows by leakage of CO_2 purposefully stored under the seabed. *Internat. J. Greenhouse Gas Control*, **3**(5) : 617-625.
北澤大輔ほか (2002)：超大型浮体式構造物の海洋生態系への影響に関する研究．日本造船学会論文集，192号：277-287．
中西 敬 (2009)：環境評価の尺度と基準，大阪湾—環境の変遷と創造—，恒星社厚生閣．
佐々木直美ほか (2009)：負荷や地形の変動を考慮した東京湾生態系の長期連続シミュレーション．沿岸域学会誌，**21**(4)：27-38．
佐藤 徹 (2001)：CO_2 海洋隔離技術開発の現状．化学工学，**71**(11)：755-758．
鋤崎俊二ほか (2008)：漏洩メタンとメタンハイドレート分解生成水の水中での拡散予測モデルの開発．月刊海洋，**40**(2)：136-145．
Yamazaki, T. et. al.(2008) : Application of methane supply process unit in mass balance ecosystem model around cold seepage. Proceedings of the 27th International Conference of the Offshore Mechanics and Arctic Engineering, OMAE 2008-57498.
吉本治樹・多部田 茂 (2007)：海洋生態系による二酸化炭素吸収量の数値的評価手法に関する研究．日本船舶海洋工学会論文集，6号：19-26．

2.3

Busenberg, E. and Plummer, L. N. (2006) : Potential use of other atmospheric gases. International Atomic Energy Agency, Use of Chlorofluorocarbons in Hydrology. A Guidebook. International Atomic Energy Agency.
ダイヤモンド，J.著，楡井浩一訳 (2005)：文明崩壊 滅亡と存続の命運を分けるもの，草思社．Diamond, J. (2005) : Collapse. How Societies Choose to Fail or Succeed, Viking Penguin.
Ge, S. et al. (2002) : Hydrogeology Program Planning Group Final Report. http://www.odplegacy.org/PDF/Admin/Panels/PPG/PPG—Hydro—2002—May.pdf.
ハー，J.著，雨沢 泰訳 (2000)：シビル・アクション—ある水道汚染訴訟（新潮文庫），新潮社．Harr, J. (1995) : A Civil Action, Vintage Books.
今泉眞之ほか (2000)：東京都における被圧地下水の涵養機能—長期間のトリチウム濃度変化による涵養機能評価—．応用地質，**41**：87-102．
Kinniburgh, D. G. and Smedley, P. L. (2001) : Arsenic Contamination of Groundwater in

Bangladesh. Vol 3 : Hydrochemical atlas. BGS Technical Report WC/00/19.
沖　大幹・鼎　信次郎（2007）：地球表層の水循環・水収支と世界の淡水資源の現状および今世紀の展望．地学雑誌，**116**：31-42.
Pollack, H. N. et al. (1998) : Climate change record in subsurface temperatures : a global perspective. *Science*, **282**: 279-281.
Sultan, M. et al. (1997) : Precipitation source inferred from stable isotopic composition of Pleistocene groundwater and carbonate deposits in the Western Desert of Egypt. *Quat. Res*., **48**, 29-37.
徳永朋祥（2003）：地殻浅部での水の移動．地震発生と水—地球と水のダイナミクス（笠原順三ほか編），pp. 135-154，東京大学出版会．
徳永朋祥（2010）：地下水と人と社会．水の知—自然と人と社会をめぐる 14 の視点（沖　大幹監修，東京大学「水の知」(サントリー)編），pp. 73-95，化学同人．
鳥海光弘ほか（1998）：社会地球科学．岩波書店．

第 3 章

3.1.1

Bringezu, S. and Moriguchi, Y. (2002) : Material flow analysis. A Handbook of Industrial Ecology (Ayres, R. U. and Ayres, L. W. eds.), pp. 79-90, Edward Elgar.
橋本征二ほか（2006）：循環型社会像の比較分析．廃棄物学会論文誌，**17**(3)：204-218.
環境省（2008）：平成 20 年版環境・循環型社会白書．http://www.env.go.jp/policy/hakusyo/h 20/pdf.html
環境庁リサイクル研究会編（1991）：リサイクル新時代，中央法規出版．
日本規格協会（1997）：環境マネジメント　ライフサイクルアセスメント　原則及び枠組み JIS Q 14040.

3.1.2-3.1.3

森口祐一（2005a）：循環型社会から廃プラスチック問題を考える．廃棄物学会誌，**16**(5)：243-252.
森口祐一（2005b）：人間活動と環境をめぐる物質フローのシステム的把握．環境科学会誌，**18**(4)：411-418.
森口祐一（2007）：容器包装等の使用済みプラスチックのリサイクルシステムの評価．日本エネルギー学会誌，**86**(11)：888-894.
森口祐一（2009）：容器包装と地球温暖化対策．地球温暖化と廃棄物（廃棄物資源循環学会シリーズ 2，廃棄物資源循環学会監修），pp. 194-213，中央法規出版．
武田邦彦（2000）：リサイクルしてはいけない，青春出版社．

3.2.1

早見　均ほか（2000）：未来技術の CO_2 削減評価．慶應ディスカッションペーパー，慶應義塾大学．
松橋隆治・石谷　久（1998）：持続可能なシステム実現のためのエネルギー技術の評価．電気学会論文誌，**118**(B 7/8)：775-780.
ワイツゼッカー，エルンスト・U・フォン著，宮本憲一ほか監訳（1994）：地球環境政策，有斐閣．

3.2.2
(独)原子力安全基盤機構安全情報部編:原子力施設運転管理年報.
Kaya, Y. et al. (1989): Grand strategy for global warming. Proceedings of Government Symposium on Global Environment, Tokyo, September 1989.
(財)日本エネルギー経済研究所 (2007):エネルギー・経済統計要覧2007年版.

3.2.3
IPCC (2005): Special Report on CCS.

3.2.4
Mintzer, I. and Leonard, J. eds. (1994): Negotiating Climate Change: The Inside Story of the Rio Convention, Cambridge University Press.
「2050日本低炭素社会」シナリオチーム編集 (2008):2050日本低炭素社会シナリオ:温室効果ガス70%削減可能性検討,環境省地球環境研究総合推進費戦略研究開発プロジェクト報告書,2008年6月改訂版.
Oberthür, S. and Ott, H. (1999): The Kyoto Protocol: International Climate Policy for the 21st Century, Springer.
Pershing, J. and Tudela, F. (2003): A long-term target: framing the climate effort. Beyond Kyoto: Advancing the International Effort Against Climate Change (Pew Center ed.), pp. 11-36, Pew Center on Global Climate Change, Washington D. C..
高村ゆかり・亀山康子編 (2002):京都議定書の国際制度,信山社.
高村ゆかり・亀山康子編 (2005):地球温暖化交渉の行方―京都議定書第一約束期間後の国際制度設計を展望して,大学図書.

3.2.5
堂脇清志ほか (2001):養分循環を考慮したバイオマスエネルギーシステムのライフサイクル分析―エネルギー収支及び$LCCO_2$の検討―.エネルギー・資源, **22**(5): 39-44.
(財)エネルギー総合工学研究所 (2006):超長期エネルギー技術ロードマップ報告書,平成17年度経済産業省資源エネルギー庁委託調査.
加藤和彦ほか (1999):住宅用太陽光発電システムのライフサイクル分析とCO_2排出削減効果の経済性.エネルギー資源, **20**(4).
松橋隆治・石谷 久 (1998):持続可能なシステム実現のためのエネルギー技術の評価.電気学会論文誌, **118**(B 7/8): 775-780.
松橋隆治ほか (2000):CO_2削減のための先進国・途上国間クリーン開発メカニズム方策の研究―経団連自主行動計画の効果の推定と日本のクレジット取得可能性―.エネルギー資源学会第19回研究発表会講演論文集, pp. 273-278.
二階堂副包 (1972):現代経済学の数学的方法, pp. 11-18, 岩波書店.
大橋永樹ほか (2001):屋根置き型太陽光発電システムと宇宙太陽発電衛星のライフサイクル比較.第17回エネルギーシステム経済コンファレンス講演論文集, pp. 249-254, 東京.
植田和弘 (1996):環境経済学, p. 121, 岩波書店.
植田和弘ほか (1997):環境政策の経済学―理論と現実,日本評論社.
ワイツゼッカー,エルンスト・U・フォン著,宮本憲一ほか監訳 (1994):地球環境政策,有斐閣.

第4章

4.1.1

Aung, N. N. et al. (2004): *Environ. Health Prevent. Med.*, **9**: 257.
コルボーン, S. ほか著, 長尾 力・堀千恵子訳 (1997): 奪われし未来, 翔泳社.
European Food Safety Authority (2005): *EFSA J.*, **241**: 1; **242**: 1; **243**: 1.
Graham, J. D. and Wiener, J. B. eds. (1995): Risk vs. Risk, Harvard University Press.
飯島伸子編 (1993): 環境社会学, 有斐閣.
池田三郎・盛岡 通 (1993): リスクの学際的定義. 日本リスク研究学会誌, **5**: 14-17.
環境省 (2005): 化学物質の内分泌かく乱作用に関する環境省の今後の対応方針について—ExTEND 2005.
環境庁ダイオキシンリスク評価研究会 (1997): ダイオキシンのリスク評価.
中西準子 (1994): 水の環境戦略, 岩波書店.
中西準子ほか編 (2003): 演習環境リスクを計算する, 岩波書店.
中西準子ほか (2004): ビスフェノールA (詳細リスク評価書シリーズ6), 丸善.
岡 敏弘 (1999): 環境政策論, 岩波書店.
Science Committee on Food (2002): SCF/CS/PM/3936.
Suzuki, Y. et al. (2009): *Environ. Health Prevent. Med.*, **14**: 180.
食品安全委員会 (2008): 汚染物質評価.
WHO (1987): 30th Report of Joint FAO/WHO Expert Committee on Food Additives.

4.1.2

相澤好治 (2004): シックハウス症候群について. 安全衛生コンサルタント, **24**(72): 28-33.
Andrea, R. F. et al. (2009): Effect of Interior door position on room-to-room differences in residential pollutant concentrations after short-term releases. *Atoms. Environ.*, **43**: 706-714.
シーエムシー出版編集部 (2001): シックハウスとVOC対応建材の開発, シーエムシー出版.
(財)同潤會 (1936): 住宅衛生文献集, 10.
樋田淳平ほか (2007): 改正建築基準法に対応した新築住宅における室内空気質の実態調査 (第2報) VOC気中濃度の実態. 木材学会誌, **53**(1), 40-45.
国土交通省 (2003): 建築基準法に基づくシックハウス対策について.
国土交通省 (2006): 平成17年度室内空気中の化学物質濃度の実態調査の結果について.
厚生省 (1951): 結核予防法施行規則, 第十六条.
厚生労働省 (2002): シックハウス (室内空気汚染) 問題に関する検討会中間報告書—第8回〜第9回のまとめについて.
厚生労働省 (2003): 建築物における衛生的環境の確保に関する法律 (略称: 建築物衛生法) 関連政省令の一部改正について.
厚生労働省 (2004): シックハウス対策に関する医療機関への周知について.
厚生労働省 (2009): シックハウス症候群診療マニュアル, 厚生労働科学研究 (健康安全・危機管理対策総合研究事業).
文部省 (1992): 学校環境衛生の基準.
Stymne, H. et al. (1994): Measurement of ventilation and distribution using the homogeneous emission technique, a validation. Healty Buildings '94, Proceedings of the 3rd International Conference.

柳沢幸雄（2005）：化学物質過敏症．予防時報，222号：14-19．
JIS A 1406, 屋内換気量測定方法（炭酸ガス法），1974．
空気調和・衛生工学会規格，SHASE-S 116-2003, トレーサガスを用いた単一空間の換気量測定法，2003．

4.2

長谷川　伸（2007）：新版画像工学（電子情報通信学会大学シリーズ），コロナ社．
主原　愛・大島義人（2009）：アイカメラを用いた視線解析による実験室内の危険抽出．安全工学，48(3), 148-154．

第5章

淡路剛久ほか編（1994）：持続的な発展（リーディングス環境5），有斐閣．
Costanza, R. et al. (1997) : The value of the world's ecosystem services and natural capital. *Nature*, **387** : 253-260.
深井慈子（2005）：持続可能な世界論，ナカニシヤ出版．
デイリー，ハーマン・E.著，新田　功ほか訳（2005）：持続可能な発展の経済学，みすず書房．
松田裕之（2000）：環境生態学序説，共立出版．
(財)日本生態系協会編著（2006）：環境を守る最新知識（第2版）ビオトークネットワーク―自然生態系のしくみとその守り方，信山社．
林野庁．http://www.rinya.maff.go.jp/puresu/9gatu/kinou.html
ティルトン，J. E.著，西山　孝ほか訳（2006）：持続可能な時代を求めて―資源枯渇の脅威を考える―，オーム社．

索引

あ行

アセスメント係数　134
アセトアルデヒド　142
安全構造　148

イタイイタイ病　125
一括化モデル　21
一定濃度法　141
移流　12, 46
インベントリ分析　62
飲料容器　71

宇宙発電衛星システム　120
奪われし未来　129

エアロゾル　21
エチルベンゼン　142
エネルギー資源のライフサイクル　84
エネルギーシステム　84
エネルギーリカバリー　76
エミッションインベントリ　12
沿岸域の地下水と海水　51

大型海洋構造物　39
汚染者負担原則　114
オゾン層破壊　1, 11
オゾン層破壊ポテンシャル　18
オゾン層保護法　17
オープンループリサイクル　75
温室効果ガス　81
温暖化ガス　1

か行

海域肥沃化技術　36
外因性内分泌かく乱化学物質　128
改正建築基準法　139
海底資源開発　38
海底地下水湧出　52
海洋汚染　25
化学的酸素要求量　29
化学反応　14
化学物質　124
化学物質過敏症　138
化学物質排出移動量届出制度　127
拡散　12, 46
隠れたフロー　70
カスケードリサイクル　75
化石エネルギー資源　53
化石燃料　53
学校環境衛生の基準　139, 142
稼働率　89
茅方程式　88
火力発電　86
換気回数　141
換気回数規準　145
換気経路　145
環境基本計画　58, 59
環境税　93
環境調和型社会　2
環境保全のための循環型社会システム検討会　57
環境ホルモン　128
間隙率　47
乾性沈着　15

か行（続）

岩盤　44
岩盤中の亀裂　44
気候感度　119
気候上昇への歴史的貢献　114
気候変動に関する政府間会合　118
気候変動に関する政府間パネル　112
気候変動枠組条約　7, 108
技術万能主義　120, 123
キシレン　142
揮発性有機化合物　12
給気口　145
京都議定書　69, 108
京都メカニズム　7
極成層圏雲　18

鎖型エネルギーシステム　84
クールアース推進構想　119
クローズドループリサイクル　75
クロロフルオロカーボン　16, 49

経済社会における物質循環　60
ケミカルリサイクル　76
限界削減費用　92
限界削減費用曲線　92
限界費用逓増　93
建材の選択　148
原子力発電　89, 120
建築物衛生法　139

光化学大気汚染　11

構造トラッピング 102
鉱毒 125
鉱物固定 99
鉱物トラッピング 103
衡平性 114
高レベル放射性廃棄物 43
国際協調 107
国民総幸福量 10
国境税調整 116
コンジョイント分析 6

さ 行

最終処分量 69
再使用 71
再商品化事業者 72
再商品化製品利用事業者 72
再生可能エネルギー 83, 116
再生不能エネルギー 83
再生利用 71
最大増分反応性 20
材料リサイクル 76
作業 153
作業環境 153
作業者 153
サーマルリサイクル 76
産業連関表 121
酸性雨 11, 22
酸素燃焼 97
暫定目標値 140
残留トラッピング 102

事業系回収 73
資源生産性 67, 70
市場万能主義 120, 123
指針値物質 139
システム 3
自然再生推進法 30
自然の循環 59
自然発生源 11
持続可能な地圏の開発 56
持続的発展 163
シックハウス症候群 7, 138

シックビル症候群 138
実効性 115
湿性沈着 15
室内環境 138
室内濃度指針値 139
質量保存の法則 62
指定法人 72
自動車リサイクル法 17
支払い能力 115
地盤 44
——の空間分布 44
——の土質 44
地盤沈下 43
住宅基準法 139
純1次生産量 165
循環型社会 6, 57, 70
循環型社会形成推進基本計画
 61, 67
循環型社会形成推進基本法 58
循環型の社会システム 2
循環基本計画 61
循環基本法 58
循環利用率 68
循環を基調とする経済社会システム 58, 59
準難分解性有機物 37
障害調整生存年数 136
消毒副生成物問題 127
傷病名 138
正味現在価値 90
人為発生源 11
人工物 1
人工湧昇流 36
深層水 36
診療報酬請求 138

水圏 2, 6
水質 48
水質汚濁防止法 29, 126
水力学的分散 46
スチレン 142
住まい方 148

生態系モデル 30
生物ポンプ 25
責任 114
石油 44
施工法 148
ゼロメートル地帯 43
総揮発性有機化合物 140
層序トラッピング 102
総物質需要量 70
総量規制 29
その他の容器包装プラスチック 75
粗付加価値 121
損失余命 136

た 行

ダイオキシン類 127
ダイオキシン類対策特別措置法 128
大気汚染防止法 126
大気環境 49
大気圏 2, 6
対抗リスク 135
第5次総量規制 29
第3種換気 141, 145
第2次循環型社会形成推進基本計画 80
耐容一日摂取量 133
太陽光発電 86, 120
第4次評価報告書 118
ただ乗り 107
ダルシーの法則 46
ダルシー流束 46
単純投資回収期間 90
単純投資回収年数 90
炭素税 83
炭素リーケージ 116

地域循環圏 80
地下温度 51
地化学的トラッピング 102

索　引

地下空間利用　43
地下水　44
　　──の塩水化　52
　　──の年代指標　49
地下水汚染　47,54
地球温暖化　11,107
地球温暖化対策の推進に関する法律　69
地球環境政策　82
蓄積純増　65
地圏　2,6,41
　　──に存在する資源　53
地圏環境　41
超長期技術ロードマップ　119

通年エネルギー消費効率　85

低炭素社会実現の長期目標　85
定常発生法　141
低層の平均溶存酸素濃度　34
低炭素社会　4,6,80,82,117
締約国会議　109
デイリー,H.E.　10,165
ティルトン,J.E.　165
天然ガス　44

東京湾の生態系モデル　31
特定事業者　72
都市鉱山　66
土壌　45
トリチウム　49
トリハロメタン　127
トルエン　142

な 行

内部収益率　90
軟岩　44
南北問題　2,8
二酸化炭素の海洋隔離　35
二酸化炭素の地中貯留　43
2次資源　65,66

二重の配当　84
24時間機械換気設備　141
日本工業規格　139
日本農林規格　139
日本容器包装リサイクル協会　72
人間圏　43

ヌビア帯水層　49

熱水鉱床　38
燃焼後回収　97
燃焼前回収　97

濃度減衰法　141
ノーリグレット　92

は 行

バイオエタノール　3
バイオマス　81
バイオマスエネルギー　122
排気口　145
排出基準　125
排出許可証　94
排出量規制　93
排出量取引　94,110
ハイドロクロロフルオロカーボン　17
ハザード比　134
パスキルの安定度階級　13
発がん単位リスク　133
バックキャスティング　166
ハロカーボン　16
ハロ酢酸　127
ハロン　16
半数致死量　128

東アジア酸性雨モニタリングネットワーク　24
光イオン化検出器　144
光分解　14
非再生可能資源　49

ビスフェノールA　129
ヒ素中毒　54
1人当たり排出量　114
氷河性海面変動　53
費用便益分析　119
ビル衛生管理法　139
貧酸素水塊　30

ファクター4,10　83,120
フィックの法則　46
富栄養化　26
附属書I国　111
フタル酸エステル　129
物質移行　46
物質循環　6,61
物質代謝　65
物質フロー指標　67
物質フロー分析　6,61,63,67,78
物理的トラッピング　102
浮遊粒子状物質　21
プラスサムゲーム　117
プルームモデル　13
フロン（クロロフルオロカーボン）　1,16,49

平均削減費用　93
平均実流速　47
ベルリン・マンデート　110

ポリ塩化ジベンゾパラジオキシン　127
ポリ塩化ジベンゾフラン　127
ポリ塩化ビフェニル　127
ホルムアルデヒド　139,142

ま 行

マテリアルリサイクル　76
窓開け換気　146

見えないフロー　79
水循環　48

水俣病　125

メカニカルリサイクル　76
メタンハイドレート　38

目的リスク　135
モニタリング　104
モントリオール議定書　17,50

や　行

有機化合物　140
床暖房　144

溶解トラッピング　103
容器包装リサイクル法（容リ法）　70
洋上風力発電　38
予測環境中濃度　134
予測無影響濃度　134
四日市喘息　125
予防原則　131
四大公害事件　125
四大鉱害事件　125

ら　行

ライフサイクルアセスメント　77
ライフサイクル効率　123
ライフサイクルCO_2　123
ライフサイクル評価　6, 62

リアルタイムモニタリング　144
陸域からの負荷　32
リサイクル　70
リスク　132
リスクトレードオフ　135
リスク評価　7
リスク便益分析　136
リターナブル　75

流跡線モデル　14
リユース　71
量-影響関係　133

レアメタル　81

六フッ化硫黄　49

わ　行

ワイツゼッカー, E. U.　82
ワンウェイ　75
湾内の窒素循環　33

欧　文

APF　85

B to B リサイクル　76

CCS　96
CO_2 海洋貯留　98
CO_2 原単位　119
CO_2 削減コスト　100
CO_2 削減量　100
CO_2 地中貯留　98, 101
CO_2 地中貯留プロジェクト　99
CO_2 の分離回収　96, 97
CO_2 の輸送　97
CO_2 のリーク　105
COD　29
COP　109
CVM　6

DU　16

EANET　24

G 8 サミット　112
GHG 半減　119
GNH　10

IPCC　112, 118
IRR　90
ISEW　10

LCA　77
LD_{50}　128

MEF　113
Moving Ship 法　36

NPP　165
NPV　90

ODP　18

PCB　127
PCDD　127
PCDF　127
PEC　134
PET ボトル　6, 70
α-pinene　144
PNEC　134
PPCP　129
PRTR　127
psc　18

3 R　71

sound material-cycle society　60
SPM　21

2, 3, 7, 8-TCDD　128
TDI　133
TVOC　140

VOC　12, 140

●MEMO

シリーズ〈環境の世界〉2
環境システム学の創る世界   定価はカバーに表示

2011年3月25日　初版第1刷

編集者　東京大学大学院新領域創成
　　　　科学研究科環境学研究系

発行者　朝　倉　邦　造

発行所　株式会社　朝　倉　書　店
　　　　東京都新宿区新小川町6-29
　　　　郵便番号　162-8707
　　　　電　話　03(3260)0141
　　　　FAX　03(3260)0180
　　　　http://www.asakura.co.jp

〈検印省略〉

© 2011 〈無断複写・転載を禁ず〉　　中央印刷・渡辺製本

ISBN 978-4-254-18532-4　C 3340　　Printed in Japan

東大 神田　順・東大 佐藤宏之編
東 京 の 環 境 を 考 え る
26625-2　C3052　　　　A5判 232頁 本体3400円

大都市東京を題材に，社会学，人文学，建築学，都市工学，土木工学の各分野から物理的・文化的環境を考察。新しい「環境学」の構築を試みる。〔内容〕先史時代の生活／都市空間の認知／交通／音環境／地震と台風／東京湾／変化する建築／他

東大 磯部雅彦編著
海 岸 の 環 境 創 造
――ウォーターフロント学入門――
26130-1　C3051　　　　A5判 220頁 本体3900円

環境と開発の調和のあり方を示し，持続可能な開発を考える上で重要な示唆を与える。〔内容〕景観／緑化／水質改善／砂浜・干潟の造成／生物資源管理／マリンレク／排熱利用／海岸構造物／海岸保全／みなとの環境保全／ゾーニング／環境教育

前建設技術研 中澤弌仁著
水 資 源 の 科 学
26008-3　C3051　　　　A5判 168頁 本体3800円

地球資源としての水を世界的視野で総合的に解説〔内容〕地球の水／水利用とその進展／河川の水利秩序と渇水／水資源開発の手段／河川の水資源開発の特性／水資源開発の計画と管理／利水安全度／海外の水資源開発／水資源開発の将来

理科大 樽谷　修編
地 球 環 境 科 学
16031-4　C3044　　　　B5判 184頁 本体4000円

地球環境の問題全般を学際的・総合的にとらえ，身近な話題からグローバルな問題まで，ごくわかりやすく解説。教養教育・専門基礎教育にも最適。〔内容〕地球の歴史と環境変化／環境と生物／気象・大気／資源／エネルギー／産業・文明と環境

村橋俊一・御園生誠編著　梶井克純・吉田弘之・岡崎正規・北野　大・増田　優・小林　修他著
役にたつ化学シリーズ9
地 球 環 境 の 化 学
25599-7　C3358　　　　B5判 160頁 本体3000円

環境問題全体を概観でき，総合的な理解を得られるよう，具体的に解説した教科書。〔内容〕大気圏の環境／水圏の環境／土壌圏の環境／生物圏の環境／化学物質総合管理／グリーンケミストリー／廃棄物とプラスチック／エネルギーと社会／他

九大 真木太一著
大 気 環 境 学
18006-0　C3040　　　　B5判 148頁 本体3900円

気象と環境問題をバランスよく解説した参考書。大気の特徴や放射・熱収支，熱力学，降水現象，都市気候などを述べた後，異常気象，温暖化，大気汚染，オゾン層の破壊，エルニーニョ，酸性雨，砂漠化，森林破壊などを図を用いて詳しく解説。

お茶の水大 河村哲也編著
環境流体シミュレーション
〔CD-ROM付〕
18009-1　C3040　　　　A5判 212頁 本体4700円

地球温暖化，砂漠化等の環境問題に対し，空間・時間へスケールの制約を受けることなく，結果を予測し対策を講じる手法を詳説。〔内容〕流体力学／数値計算法／環境流体シミュレーションの例／火災旋風／風による砂の移動／計算結果の可視化

前九大 楠田哲也・九大 巖佐　庸編
生態系とシミュレーション
18013-8　C3040　　　　B5判 184頁 本体5200円

生態系をモデル化するための新しい考え方と技法を多分野にわたって解説した"生態学と工学両面からのアプローチを可能にする"手引書。〔内容〕生態系の見方とシミュレーション／生態系の様々な捉え方／陸上生態系・水圏生態系のモデル化

M.L.モリソン著　農工大 梶　光一他監訳
生息地復元のための野生動物学
18029-9　C3040　　　　B5判 152頁 本体4300円

地域環境を復元することにより，その地域では絶滅した野生動物を再導入し，本来の生態を取りもどす「生態復元学」に関する初の技術書。〔内容〕歴史的評価／研究設計の手引き／モニタリングの基礎／サンプリングの方法／保護区の設計／他

東京都市大 田中　章著
Ｈ Ｅ Ｐ 入 門
――〈ハビタット評価手続き〉マニュアル――
18026-8　C3046　　　　A5判 280頁 本体4500円

HEP（ヘップ）は，環境への影響を野生生物の視点から生物学的にわかりやすく定量評価できる世界で最も普及している方法〔内容〕概念とメカニズム／日本での適用対象／適用プロセス／米国におけるHEP誕生の背景／日本での展開と可能性／他

産業環境管理協会 指宿堯嗣・農業環境技術研 上路雅子・
前製品評価技術基盤機構 御園生誠編

環 境 化 学 の 事 典

18024-4 C3540　　　　　A 5 判　468頁　本体9800円

化学の立場を通して環境問題をとらえ，これを理解し，解決する，との観点から発想し，約280のキーワードについて環境全般を概観しつつ理解できるよう解説。研究者・技術者・学生さらには一般読者にとって役立つ必携書。〔内容〕地球のシステムと環境問題／資源・エネルギーと環境／大気環境と化学／水・土壌環境と化学／生物環境と化学／生活環境と化学／化学物質の安全性・リスクと化学／環境保全への取組みと化学／グリーンケミストリー／廃棄物とリサイクル

太田猛彦・住　明正・池淵周一・田渕俊雄・
眞柄泰基・松尾友矩・大塚柳太郎編

水　　の　　事　　典

18015-2 C3540　　　　　A 5 判　576頁　本体20000円

水は様々な物質の中で最も身近で重要なものである。その多様な側面を様々な角度から解説する，学問的かつ実用的な情報を満載した初の総合事典。〔内容〕水と自然(水の性質・地球の水・大気の水・海洋の水・河川と湖沼・地下水・土壌と水・植物と水・生態系と水)／水と社会(水資源・農業と水・水産業・水と工業・都市と水システム・水と交通・水と災害・水質と汚染・水と環境保全・水と法制度)／水と人間(水と人体・水と健康・生活と水・文明と水)

環境影響研 牧野国義・
昭和女子大 佐野武仁・清泉女子大 篠原厚子・
横浜国大 中井里史・内閣府 原沢英夫著

環 境 と 健 康 の 事 典

18030-5 C3540　　　　　A 5 判　576頁　本体14000円

環境悪化が人類の健康に及ぼす影響は世界的規模なものから，日常生活に密着したものまで多岐にわたっており，本書は原因等の背景から健康影響，対策まで平易に解説〔内容〕〔地球環境〕地球温暖化／オゾン層破壊／酸性雨／気象，異常気象〔国内環境〕大気環境／水環境，水資源／音と振動／廃棄物／ダイオキシン，内分泌撹乱化学物質／環境アセスメント／リスクコミュニケーション〔室内環境〕化学物質／アスベスト／微生物／電磁波／住まいの暖かさ，涼しさ／住まいと採光，照明，色彩

日本環境毒性学会編

生態影響試験ハンドブック
―化学物質の環境リスク評価―

18012-1 C3040　　　　　B 5 判　368頁　本体16000円

化学物質が生態系に及ぼす影響を評価するため用いる各種生物試験について，生物の入手・飼育法や試験法および評価法を解説。OECD準拠試験のみならず，国内の生物種を用いた独自の試験法も数多く掲載。〔内容〕序論／バクテリア／藻類・ウキクサ・陸上植物／動物プランクトン(ワムシ，ミジンコ)／各種無脊椎動物(ヌカエビ，ユスリカ，カゲロウ，イトトンボ，ホタル，二枚貝，ミミズなど)／魚類(メダカ，グッピー，ニジマス)／カエル／ウズラ／試験データの取扱い／付録

産総研 中西準子・産総研 蒲生昌志・産総研 岸本充生・
産総研 宮本健一編

環境リスクマネジメントハンドブック

18014-5 C3040　　　　　A 5 判　596頁　本体18000円

今日の自然と人間社会がさらされている環境リスクをいかにして発見し，測定し，管理するか――多様なアプローチから最新の手法を用いて解説。〔内容〕人の健康影響／野生生物の異変／PRTR／発生源を見つける／in vivo試験／QSAR／環境中濃度評価／曝露量評価／疫学調査／動物試験／発ガンリスク／健康影響指標／生態リスク評価／不確実性／等リスク原則／費用効果分析／自動車排ガス対策／ダイオキシン対策／経済的インセンティブ／環境会計／LCA／政策評価／他

東京大学大学院環境学研究系編
シリーズ〈環境の世界〉1
自然環境学の創る世界
18531-7 C3340　　　A 5 判 216頁 本体3500円

〔内容〕自然環境とは何か／自然環境の実態をとらえる(モニタリング)／自然環境の変動メカニズムをさぐる(生物地球化学的，地質学的アプローチ)／自然環境における生物(生物多様性，生物資源)／都市の世紀(アーバニズム)に向けて／他

東京大学大学院環境学研究系編
シリーズ〈環境の世界〉3
国際協力学の創る世界
18533-1 C3340　　　A 5 判 216頁 本体3500円

〔内容〕環境世界創成の戦略／日本の国際協力(国際援助戦略，ODA政策の歴史的経緯・定量的分析)／資源とガバナンス(経済発展と資源断片化，資源リスク，水配分，流域ガバナンス)／人々の暮らし(ため池，灌漑事業，生活空間，ダム建設)

前農工大 渡邉　泉・前農工大 久野勝治編
環　境　毒　性　学
40020-5 C3061　　　A 5 判 260頁 本体4200円

環境汚染物質と環境毒性について，歴史的背景から説き起こし，実証例にポイントを置きつつ平易に解説した，総合的な入門書。〔内容〕酸性降下物／有機化合物／重金属類／生物濃縮／起源推定／毒性発現メカニズム／解毒・耐性機構／他

日本陸水学会東海支部会編
身近な水の環境科学
―源流から干潟まで―
18023-7 C3040　　　A 5 判 176頁 本体2600円

川・海・湖など，私たちに身近な「水辺」をテーマに生態系や物質循環の仕組みをひもとき，環境問題に対する基礎力を養う好テキスト。〔内容〕川(上流から下流へ)／湖とダム／地下水／都市・水田の水循環／干潟と内湾／環境問題と市民調査

西村祐二郎編著　鈴木盛久・今岡照喜・
高木秀雄・金折裕司・磯崎行雄著
基礎地球科学（第2版）
16056-7 C3044　　　A 5 判 232頁 本体2800円

地球科学の基礎を平易に解説し好評を得た『基礎地球科学』を，最新の知見やデータを取り入れ全面的な記述の見直しと図表の入れ替えを行い，より使いやすくなった改訂版。地球環境問題についても理解が深まるように配慮されている。

前東北大 浅野正二著
大気放射学の基礎
16122-9 C3044　　　A 5 判 280頁 本体4900円

大気科学，気候変動・地球環境問題，リモートセンシングに関心を持つ読者向けの入門書。〔内容〕放射の基本則と放射伝達方程式／太陽と地球の放射パラメータ／気体吸収帯／赤外放射伝達／大気粒子による散乱／散乱大気中の太陽放射伝達／他

C.タッジ著　和光大 野中浩一・京産大 八杉貞雄訳
生物の多様性百科事典
17142-6 C3545　　　B 5 判 676頁 本体20000円

生物学の教育と思考の中心にある分類学・体系学は，生物の理解のために重要であり，生命の多様性を把握することにも役立つ。本書は現生生物と古生物をあわせ，生き物のすべてを網羅的に記述し，生命の多様性を概観する百科図鑑。平易で読みやすい文章，精密で美しいイラストレーション約600枚の構成による魅力的な「系統樹」ガイドツアー。"The Variety of Life"の翻訳。〔内容〕分類の技術と科学／現存するすべての生きものを通覧する／残されたものたちの保護

野生生物保護学会編
野生動物保護の事典
18032-9 C3540　　　B 5 判 792頁 本体28000円

地球環境問題，生物多様性保全，野生動物保護への関心は専門家だけでなく，一般の人々にもますます高まってきている。生態系の中で野生動物と共存し，地球環境の保全を目指すために必要な知識を与えることを企図し，この一冊で日本の野生動物保護の現状を知ることができる必携の書。〔内容〕I：総論(希少種保全のための理論と実践／傷病鳥獣の保護／放鳥と遺伝子汚染／河口堰／他)／II：各論(陸棲・海棲哺乳類／鳥類／両生・爬虫類／淡水魚)／III：特論(北海道／東北／関東／他)

上記価格（税別）は 2011 年 2 月現在